시베리아
횡단 기차 여행

시베리아 횡단 기차 여행

발행일	2016년 11월 30일			
지은이	태 원 용			
펴낸이	손 형 국			
펴낸곳	(주)북랩			
편집인	선일영	편집	이종무, 권유선, 안은찬, 김송이	
디자인	이현수, 이정아, 김민하, 한수희	제작	박기성, 황동현, 구성우	
마케팅	김회란, 박진관			
출판등록	2004. 12. 1(제2012-000051호)			
주소	서울시 금천구 가산디지털 1로 168, 우림라이온스밸리 B동 B113, 114호			
홈페이지	www.book.co.kr			
전화번호	(02)2026-5777	팩스	(02)2026-5747	

ISBN   979-11-5987-328-7 03980 (종이책)
        979-11-5987-329-4 05980 (전자책)

이 도서의 국립중앙도서관 출판예정도서목록(CIP)은 서지정보유통지원시스템 홈페이지(http://seoji.
nl.go.kr)와 국가자료공동목록시스템(http://www.nl.go.kr/kolisnet)에서 이용하실 수 있습니다.
(CIP제어번호: CIP2016029052)

(주)북랩 성공출판의 파트너
북랩 홈페이지와 패밀리 사이트에서 다양한 출판 솔루션을 만나 보세요!
홈페이지 book.co.kr   1인출판 플랫폼 해피소드 happisode.com
블로그 blog.naver.com/essaybook 원고모집 book@book.co.kr

평생에 꼭 한 번은 가 봐야 할
시베리아 여행의 모든 것

시베리아
횡단 기차 여행

글/사진 태원용

북랩 book Lab

여행을 시작하면서

　기록되는 것은 사라지지 않는다고 합니다. 지루하고 답답할 것 같았던 시베리아 횡단 기차 안에서의 시간이 화살처럼 빠르게 지나간 것 같습니다. 눈길 가는 곳마다 발길이 닿는 곳마다 새롭고 그림 같은 풍경으로 인해 설렘으로 가득한 여행이었습니다.

　우리의 삶은 긴 여행이고 짧은 소풍과 같다고 생각합니다. 새로운 것에 대한 호기심이 많아서 많은 것을 가족에게 보여 주고 경험하게 하고자 최선을 다해 준비하였고 부지런히 다녔습니다. 다음 도시에는 무엇이 나의 가슴을 뛰게 할지 기대되고 궁금했습니다. 또 하나의 소중한 추억들이 마음에 차곡차곡 쌓여 갔습니다. 가족들 기억의 곳간 속에도 가득 채워졌으리라 생각합니다.

　먼 훗날 이 책과 사진 앨범에 저장된 수천 장의 사진을 보면서 '거기 참 좋았었지.' 하며 추억의 미소를 짓기 바랍니다. 24박 25일 동안의 여정에서 매 순간마다 느꼈던 감사한 마음이 저 하늘의 별처럼 나의 가슴에 빛나고 있습니다.

　그렇게 우리의 시간이 흐르고 있습니다.

　간절함과 포기 없는 노력을 다하면 언젠가는 이루어진다는 소망을 가슴에 품고 살아가며 다섯 가지 이루고 싶은 일들이 있습니다. 그중 하나는 1992년 혼자 배낭 하나 달랑 메고 주유천하 38개국을 여행하던 그 코스대로 가족 여행을 하는 것입니다. 세월의 흐름 속에서 변화된 풍경과 만났던 사람들을 보고 싶습니다.

효준이, 효은이가 태어나서 지금까지 항상 함께하였고 중·고등학교 6년 동안 등하교를 시켰습니다. 올해 효은이가 경북 대학교에 입학하면서 본격적으로 시베리아 횡단 기차 여행 준비를 했습니다.

준비 과정을 블로그에 4회 포스팅 하였고, 여행하면서 매일 올린 포스팅이 49회 됩니다. 여행 후기를 현재 37회째 포스팅 하고 있으며 하루 평균 1,000회 이상 조회되고 있습니다. 미소와 즐거움을 주는 안부글과 댓글을 읽을 때마다 보람을 느끼며 인연의 소중함을 키워 갑니다.

많은 사람들이 시베리아 횡단 기차에 대해 관심이 있다는 것을 느낄 수가 있었습니다. 시베리아 횡단 기차와 러시아, 몽골에 대한 자세한 사진 및 글들로 새로운 것을 알게 되어 좋아하시는 분들, 러시아 여행을 하고 싶다고 하시는 분들과 시베리아 횡단 기차 타기가 버킷 리스트의 목록에 있어 용기를 내셨다는 분들, 막연한 여행 생각에서 구체적으로 저의 일정 그대로를 여행하고 싶다고 하시는 분들이 계셨습니다. 여행을 준비하면서 블로그와 카페에서 도움을 받았습니다. 그래서 용기를 내었습니다.

그동안 제가 계획하고 준비한 모든 것들과 여행하면서 느꼈던 생각, 촬영한 사진들을 한 권의 책으로 만들었습니다. 시베리아 횡단 기차와 러시아, 몽골에 대해서 관심을 가지고 여행을 준비하시는 분들에게 조금이나마 도움이 된다면 저의 보람이며 기쁨이겠습니다.

여행을 무사히 잘 마치게 된 것은 우리 가족을 인도하신 하나님의 사랑과 은혜였음을 고백하며 감사하게 생각합니다. 아내와 효준이, 효은이가 건강하게 잘 따라 주어서 뜻깊은 가족 여행을 할 수 있었던 걸 진심으로 고맙게 생각합니다. 저와 저의 가족을 위해서 기도하시는 어머니, 장인 장모님과 동생들에게 고마운 마음을 전합니다. 아들 일이라면 그렇게 좋아하셨던 천국에 계신 아버지와 생애 첫 출간의 기쁨을 함께하고 싶습니다.

버킷 리스트 중의 하나인 '생애 책 열 권 출간하기' 중에 첫 번째 책인 시베리아 횡단 기차 가족 여행기를 출판하도록 조언해 주신 북랩의 김회란 본부장님과 책이 나오기까지 애써 주신 북랩 출판사 편집팀과 디자인팀 그리고 관계자 모든 분에게 진심으로 감사의 마음을 전합니다.

자, 이제 시베리아 횡단 기차 여행을 떠나 볼까요?
여행은 여전히 나의 가슴을 뛰게 합니다.
스파시바!

2016년 고성산자락에서

태원용

6

CONTENTS

여행을 시작하면서 … 4

1 시베리아 횡단 기차 여행 준비

1. 시베리아 횡단 기차 프로젝트 1탄 … 12
   여행을 떠나게 된 동기와 계획

2. 시베리아 횡단 기차 프로젝트 2탄 … 17
   잊고 있었던 발해 유적지를 찾아가는 이유

3. 시베리아 횡단 기차 프로젝트 3탄 … 21
   전체적인 여행 일정과 머물게 될 도시 소개

4. 모스크바 국립 심포니 오케스트라 내한 공연 … 28
   러시아는 음악으로 나에게 다가왔다

2 실천에 옮긴 준비 과정

1. 항공기 예약하기 … 32

2. 시베리아 횡단 기차 예매 방법 … 33

3. 숙소 예약하기 … 35

4. 떠나기 전 지출된 여행 경비 … 36
   항공 요금 / 시베리아 횡단 기차 / 그 외 / 숙소 예약 경비 / 인출 / 여행 준비물

3 드디어 러시아로 간다

1. 여행을 출발하면서 … 42
내 가슴이 뛰는 여행을 평생 잊히지 않는다

2. 러시아의 첫 도시 블라디보스토크 … 46
스마트폰 어플보다는 종이 지도가 낫더라 / 말은 생명이며 융통이 중요하다

3. 발해의 유적지가 있는 우수리스크 … 65
긴장에서부터 안도감을 지나 평온함이 좋다

4. 첫 시베리아 횡단 기차를 타다 … 75
마음에 소원의 씨앗을 심으면 언젠가는 열매를 맺는다 / 누군가의 수고로 나는 편하게 기차 여행을 즐긴다

5. 한국인을 닮은 울란우데 사람들의 친절 … 92

4 육로로 몽골을 가다

1. 러시아 국경과 몽골 국경을 통과하여 초원을 달리다 … 102
뜻밖의 만남과 도움의 손길이 여행을 풍성하게 한다

2. 몽골의 수도 울란바토르 … 112
때로는 쉬는 것도 중요하다 / 시대의 영웅호걸도 다 지나간 이름이다

3. 기대 이상으로 좋았던 테를지 국립 공원 … 123
기암괴석이 있는 푸른 바다로 들어가다 / 저 푸른 초원 위에 그림 같은 게르 짓고

4. 국경을 넘는 몽골 횡단 철도 … 133
몽골 횡단 기차 타고 러시아로 돌아오다 / 기차에서의 첫 만남, 바이칼 호수

5 시베리아 동부 지역

1. 시베리아의 파리, 이르쿠츠크 ··· 142
전화위복이 된 이르쿠츠크 호스텔

2. 바이칼 호수와 올혼 섬 ··· 148
시베리아의 진주 바이칼 호수와 올혼 섬으로 가다

3. 에너지가 느껴지는 후지르 마을 ··· 154
믿음이란 과연 무엇일까? / 후지르 마을에서의 아침 산책과 이르쿠츠크로 돌아오는 길

4. 앙가라 강이 흐르는 이르쿠츠크 ··· 166
저녁 노을은 또 다른 빛으로 다가온다

5. 3박 4일의 시베리아 횡단 기차 ··· 171
주어진 시간은 소중하다 / 시베리아 횡단 기차의 시발점, 모스크바에 도착하다

6 유럽의 러시아

1. 러시아의 수도 모스크바 ··· 188
예술과 젊음이 가득한 곳, 아르바트 거리 / 래디슨 로열 호텔의 옥상에서 반해 버린 파노라마 / 이제야 너를 만났구나! 성 바실리 성당 / 크렘린 궁 안에 러시아 정교회 성당이 있었다 / 악기의 소리는 오묘하다! 글린카 음악 박물관 / 역시 우리 음식이 최고다 / 정원은 아름답고 평화로웠다! 에르미타주 정원 / 변화무쌍한 날씨와 함께 한 모스크바 강 유람선 / 눈부신 파란 하늘과 수도원의 성화는 같은 느낌이었다! 노보데비치 수도원 / 지하철역이 이렇게 멋있고 아름다워도 되나? 지하 궁전 메트로 / 쉑쉑버거가 뭐길래? / 발가락이 닮았나? 발바닥이 닮았나?

2. 고도의 도시 상트페테르부르크 ··· 230
마음에 들었던 상트페테르부르크의 APT / 성당이라고 같은 성당이 아니다! 이삭 대성당 / 발레의 본고장에서 발레를 보다니! 마린스키 극장 & 백조의 호수 / 상트페테르부르크 지하철역도 아름답다 / 기적이 존재하는 곳, 카잔 성당 / 러시아에서 베르사유 정원을 거닐다! 여름 궁전 / 세계 4대 박물관의 명성은 결코 과장이 아니다! 에르미타주 박물관 / 성당마다 의미와 사연이 있다! 피의 사원 / 상트페테르부르크에서 형님을 만나다! 넵스키 대로

7 열사의 나라 카타르를 체험하다

1. 카타르 항공기의 기체 결함으로 연착 … 256

2. 카타르 도하(이슬람 아트 뮤지엄) … 259

여행기를 마치며 … 265

특별 부록

1. 가족 여행 후기 … 268
   여행 후의 소감 및 인상 깊었던 곳 / 몽골의 국립 공원 테를지를 가다 / 이번 여행에서 인상 깊었던 곳

2. 러시아에서 필요한 어휘 … 282

3. 꼭 먹어 봐야 할 러시아 음식 … 284

4. 마트에서 절대 놓쳐서는 안 될 Best 메뉴 … 285

5. 러시아에서 꼭 사야 하는 기념품 … 286

6. Best 맥주 및 음료 & 러시아 레스토랑 완벽 이해하기 … 287

1

시베리아 횡단 기차
여행 준비

I. 시베리아 횡단 기차 프로젝트 1탄

여행을 떠나게 된 동기와 계획

러시아를 처음 만난 것은 검은 교복의 까까머리 중학교 2학년 시절, 대구 아세아 극장에서 3시간 넘게 영화 '닥터 지바고'를 보았을 때였다. 약간 지루했었지만 추운 러시아와 시베리아 설경의 아름다운 영상, 애절한 느낌을 주었던 주제곡인 '라라의 테마'에 매료되었다.

비참하고 절망적인 전쟁과 혁명의 소용돌이 속에서 사랑하는 사람을 위해 헌신하던 연인들의 사랑을 느꼈었다. 시대가 주는 고통을 온몸으로 받아들였던 지식인의 전형인 유리 지바고의 콧수염과 크고 선한 눈망울이 지금도 기억에 남는다. '닥터 지바고'는 20세기 러시아 소비에트 문학 작품 중에서 독자들의 사랑을 가장 많이 받는 작품으로 파스테르나크의 작품이다.

러시아 면적의 40%를 차지하는 시베리아란 어디를 말하는가? 유라시아에 걸쳐 있는 러시아는 크게 우랄 산맥을 경계로 나누는데, 우랄 산맥에서 태평양 연안까지가 그 유명한 시베리아다.

시베리아 횡단 철도는 러시아 수도인 모스크바와 극동 아시아의 부동 항구로 잘 알려진 블라디보스토크를 잇고 있다. 총 길이 9,288㎞로 지구 둘레의 1/4 거리이다. 기차를 타고 가는 동안에 시간대가 일곱 번이나 바뀌는, 세계에서 가장 긴 철도이기도 하다. 시베리아 횡단 기차를 타면서 지나온 나의 삶과 앞으로 나의 인생에 대해서 많은 생각을 할 것 같다.

1891년 황태자 니콜라이 2세가 시베리아 횡단 철도 위원회를 조직해 공사를 시작했으며 착공 25년 만에 완공되었다. 올해가 개통한 지 100년이 되는 해이다.

시베리아 횡단 기차의 지도만 보아도 가슴이 뛴다. 드디어 기다리고 오랫동안 꿈꿔 왔던 동토의 땅 러시아를 여행하게 되다니…… 내가 가장 소중하게 생각하는 사랑하는 가족과 함께 한다고 생각하니 기분이 좋다.

기차의 경로 중 많은 사람이 찾는 바이칼 호수는 세계에서 가장 깊고 깨끗한 호수이다. 초승달 모양으로 크기는 남한 면적의 1/3인 31,500㎢이며, 폭이 가장 넓은 곳은 79㎞이고 깊이가 1,742m인 이 호수의 수량은 세계 민물의 20%, 세계 식수의 80%에 달하는 것으로 인류 전체가 40년은 먹을 수 있는 양이라고 한다. 보통 호수의 평균 수명이 3만 년 정도인 데 비해 바이칼 호수는 800배가 넘는 2,500만 년이며, 호수의 주변에는 민물에서 살 수 있는 지구 위의 거의 모든 동식물이 서식하고 있고 호수 안에는 27개의 섬이 있다.

3개월 동안 인도 일주 여행을 하면서 열악한 인도 열차를 타고 나니 세계 어느 나라 악조건의 기차든 다 탈 수 있겠다는 생각을 했었다. 기차에 얽힌 많은 기억들은 내 마음 한 편에 추억이라는 이름으로 자리하고 있다.

인천에서 비행기를 타고 블라디보스토크에 도착한다. 에어비앤비를 통하여 이틀 머무를 숙소의 예약 확정 이메일을 받으니 안심이 되고 비로소 실감이 난다.

블라디보스토크(Vladivostok)란 '동방을 지배하라'는 뜻으로, 면적이 600㎢이고 인구가 61만 7,000명인 연해(Primorskiy) 지방의 주도이며 동해 연안의 최대 항구 도시 겸 군항이다.

우리는 90여 개의 크고 작은 도시를 지나며 16개의 강을 건너 모스크바에 도착한 후 730㎞를 더 달려 상트페테르부르크에서 일정을 마친다. 시베리아 횡단 기차 안에서 어떤 만남과 사연들이 우리를 기다리고 있을까?

시베리아 횡단 기차의 1/4 지점인 울란우데에서 몽골의 수도인 울란바토르에 간다. 기차는 24시간에서 36시간이 걸리기 때문에 국제 버스를 탄다. 아침 7시 30분에 출발하면 저녁 8시에 도착한다고 한다.

러시아는 2014년부터 한-러 비자 면제 협약으로 무비자이지만 몽골은 비자가 필요하기 때문에 5월에 몽골 대사관에서 신청할 계획이다. 몽골은 언제나 여행할 수 있는 곳이 아니며 7~8월이 최고로 여행하기 좋은 계절이다. 푸른 초원에 누워서 눈이 시리도록 파란 하늘과 흰 뭉게구름을 바라보고 싶다. 하루 종일 말을 타고 초원을 달려 보고 싶다.

우리 가족은 2005년에서 2007년까지 필리핀에서 공부하고 여행하며 잘 살았다. 지금도 그때가 좋았다고 입을 모으며 추억한다. 다시 가 보고 싶다. 그때 말을 많이 타 보았기 때문에 잘 탈 것 같은 예감이 든다.

몽골은 아시아의 중앙 내륙에 있는 국가이다. 13세기 초 칭기즈칸이 역사상 최대의 몽골 대제국을 건설했으며 동서 여러 국가에 큰 영향을 미쳤다. 몽골 제국이 멸망하고 남은 내륙 중앙부가 1688년 청(淸)에 복속되어 '외몽골'로 불렸다. 1911년 제1차 혁명을 일으켜 자치를 인정받았으나 1920년 철폐되었고, 러시아의 10월 혁명에 영향을 받아 1921년 제2차 혁명을 일으켜 독립하였다. 1924년 11월 26일 사회주의 혁명으로 수립된 정부는 국호를 '몽골 인민공화국(Mongolian People's Republic)'으로 정하였으나 1922년 1월 개방 정책의 상징으로 국호를 몽골 공화국으로 고쳤다. 몽골이란 본래 '용감한'이란 뜻을 지닌 부족어이다.

테를지 국립 공원에 간다. 게르에서 숙박을 하며 말타기와 트래킹을 한다. 많은 별들이 쏟아지는 밤하늘의 축제에 매료되어서 잠을 제대로 못 이룰 것 같다. 이번에는 맛보기 몽골 여행이지만 언젠가 2주간의 일정으로 홉수골과 고비 사막을 비롯해 진면목의 몽골을 체험하러 다시 여행할 계획이다.

항공료	
인천 ⇒ 블라디보스토크	515,400원
상트페테르부르크 ⇒ 인천	2,325,664원

루블화 환율이 몇 년 전보다 절반 가격으로 하락하였다. 2월에 항공편을 정상 요금의 1/3 가격으로 예약하고 OK 사인을 받기까지 2주일 걸렸다. 스카이 스캐너를 비롯하여 여러 사이트와 항공사 홈페이

지를 방문하고 수시로 가격 변동을 확인했다. 외국 항공사 홈페이지에서는 파격 할인 행사를 할 때가 있으니 수시로 방문하여 체크하도록 하자.

카타르 항공사 홈페이지에서 예약했다. 오늘 보니 7월에서 8월이 극성수기라서 좌석도 별로 없고 항공료가 엄청 올랐다. 해외여행 경비 중에서 가장 큰 부분이 항공료인데 많이 절감한 듯하다.

카타르 항공사는 세계에서 가장 빠르게 성장하고 있는 항공사 가운데 하나이며 대대적으로 노선을 확대하고 있다. 영국의 항공 전문 평가 기관인 스카이 트랙스에 의해 5성급 항공사에 선정되었다. 5성급 항공사는 여섯 개밖에 되지 않는다.

밀레 등산 배낭 35ℓ를 샀다. 앞으로 50ℓ 배낭 하나 더 사야 한다. 러시아와 몽골 여행에 필요한 다양한 지식을 얻기 위해 관련 커뮤니티[1]에 가입했고, 매일 방문하여 도움을 얻고 있다.

EBS 교재에 있는 CD를 USB와 MP3에 저장하여 운전할 때나 등산할 때 듣던 중 경기 교육 인터넷 방송에서 하는 러시아어 강의가 유튜브에 있는 걸 안 이후로 매일 2강좌씩 재미있게 잘 듣고 있다. MP3로 듣기만 하는 것보다 동영상을 보니 이해가 빨리 되고 재미있어서 공부하기가 훨씬 수월하다. 새로운 것을 배우는 것은 언제나 신나고 가슴 뛰는 일이다.

러시아와 몽골에 관한 책 몇 권을 읽었다. 앞으로 계속 찾아서 읽을 것이다. 여행은 아는 만큼 보이는 것을 경험으로 안다.

---

1 http://cafe.naver.com/loverussia(러사모), http://cafe.naver.com/lovemongol(러브 몽골),
   http://cafe.naver.com/rusco(러시아 여행)

2. 시베리아 횡단 기차 프로젝트 2탄

잊고 있었던 발해 유적지를 찾아가는 이유

'발해' 하면 무엇이 떠오를까? 우리의 관심에서 멀어져 간 발해국의 존재와 역사를 제대로 알고 공부해서 후손들에게 가르치고 복원해야겠다.

발해는 시조 대조영(?~719)이 698년 왕권을 수립한 이래 926년까지 15대(약 229년)의 역사를 가졌다. 그 당시 대제국 고구려의 멸망(668년)으로 동북아시아는 30년 동안 '민족의 대이동'이 있었다.

대조영이 첫 건국지로 삼은 곳은 지금의 지린성 돈화 지역 성산자 산성으로 여겨지는 '동모산'이었다. 발해는 고구려의 정통성을 이어 받아 당시 세계 최대의 국가 당나라와 견줄 정도의 세력을 형성하였고, 통일 신라 시대에 만주에 있었던 큰 영토를 가진 대제국의 나라였다.

해동성국이라 불린 발해 왕국은 황제의 나라였다. 발해 사람 세 명이면 호랑이 한 마리를 당해낸다는 말이 외국에 알려질 정도로 용맹스러웠다. 교육과 학자의 나라, 불교의 나라, 모피의 나라, 기개의 나라인 발해국을 상상해 본다.

'대조영'은 2006년 9월 16일부터 2007년 12월 23일까지 134부작으로 KBS에서 방영한 대하드라마로, 고구려 말기부터 발해 건국까지 대조영의 생애를 다루었다. 매 주일 오후 예배를 드리고 나서 본가에 2남 1녀 대가족이 모여 함께 저녁 식사를 한 뒤 거실에 모여 빠짐없이 재미있게 보았던 기억이 난다. 많은 사람들이 발해와 대조영에 관하여 관심을 끌게 되는 계기가 되어서 반가웠고 기분이 좋았다. 원대한 발해 건국 과정을 1년이 넘는 기간 동안 방영하면서 큰 인기가 있었다.

대조영은 고구려의 왕실 귀족 장군 출신으로 고구려의 정치, 경제, 문화의 모든 면에서 고구려의 것을 계승하였다. 해동성국으로서의 위용을 내외에 널리 과시하였으며 외세 침략으로부터 나라의 존엄과 명예를 지켜냈다.

발해는 지방을 효율적으로 통치하기 위해 5경 15부 62주라는 행정 조직을 운영하고 있었다. 남쪽으로는 신라와 국경을 접하고 있어 대동강과 원산만을 잇는 선이었고, 서쪽으로는 중국 동북 3성(요령성, 길림성, 흑룡강성)을 포함하고 있었다. 북쪽으로는 흑룡강과 우수리 강이 합류하는 지점인 송화강 유역까지로 현재 흑룡강성 동강시에 거주하는 허저족들을 시조로 모시고 있다. 동쪽으로는 연해주 남단과 하바롭스크의 남쪽에 이르렀다. 또 우리 역사상 최대의 영토 면적인 약 84만㎢으로 한반도 전체 면적의 2~3배, 통일 신라의 4~5배, 고구려의 1.5~2배, 일본의 2.2배에 달하는 광활한 대제국의 넓이였다.

이번 시베리아 횡단 기차 여행의 목적 가운데 하나는 나의 뿌리인 발해를 다시 생각해 보고, 공부하고, 유적지도 찾아가서 발해를 몸과 마음으로 느껴보는 것이다. 왜냐하면 나는 대조영 28세손으로 갑진년 청룡의 해에 태어났기 때문이다. 나의 인디언 이름은 '웅크린 바람의 왕'이다.

1998년 발해 건국 1,300주년을 맞이하여 한-러 발해 유적 공동 발굴 보고서가 발간되었다. 1994년에는 블라디보스토크의 고고학자들에 의해 발해국과 그 주민의 문화에 대한 여러 연구를 종합한 논문 모음집이 출판되었고, 현재까지 연해주 지역에서는 발해의 문화 유적이 약 60여 개 알려졌다. 발해의 15부 중의 하나가 우수리스크에 있다. 또 러시아어로 쓰인 '발해의 별'이란 인삼주가 있는데 우수리스크에 있는 회사에서 만든 것으로 포장 상자에는 발해 건국 1,300주년 기념이라는 문구가 적혀 있다.

러시아인들은 왜 이렇게 발해에 관해서 관심을 가지는 것일까?

러시아를 통틀어서 인구 밀도가 제일 높은 지역은 연해주이다. 연해주 지역에서는 19세기 말부터 발해 유적들이 발견되었다. 그중에서 하바롭스크를 중심으로 하여 아브리코스 절터, 코프이토 절터, 우수리스크 성터, 크라스키노 성터를 비롯하여 무덤, 항만 유적지와 유물의 발굴 조사가 이루어지고 있다. 지금은 중국 영토와 러시아 영토로 갈라져 있지만 원래 만주와 연해주는 같은 문화권에 속하는 지역이었다. 이곳이 두 지역으로 갈라지게 된 것은 1860년에 러시아가 중국과 부적격 조약을 체결하여 연해주를 차지하면서부터였다.

발해 유적은 북한, 중국, 러시아 영토 여러 곳에 분산되어 있다. 연해주의 곳곳에는 한국을 뜻하는 '카레야'라 불리는 산이며 계곡이 상당히 많이 있다. 그밖에 '삼거리', '남재 거리', '고개', '하산' 등의 지명이 존재했었다. 블라디보스토크에는 거리 이름마저 '한국'이 있다.

현재 각 나라에서 발표된 발해사 연구 논문 수는 1999년 기준 1,900여 편이 된다. 통일 신라 시대를 남북국 시대(고려와 발해)라는 명칭으로 사용하자는 주장을 강하게 제기하고 있다.

서울 대학교 박물관에는 태 씨의 시조이며 발해를 건국한 대조영의 영정 사진이 있고 대학교 박물관에는 유일하게 발해의 유적들이 전시되어 있다. 2014년 효준이 서울 대학교 입학식 때 반가운 마음으로 자세히 읽으면서 심장이 뜨거워짐을 알 수 있었다. 2005년에 처음 생긴 국립 중앙 박물관 발해실에 소장된 발해에 관한 자료와 유적을 보고 반가워 한 번 더 보게 되었다.

서태지가 '발해를 꿈꾸며'에서 "언젠가 작은 나의 땅에 경계선이 사라지는 날, 많은 사람의 마음속에 희망들을 가득 담겠지. 난 지금 평화와 사랑을 바라요."라고 노래하였다. 그는 남북통일로 다시금 '해동성국'을 만들어 보자는 미래에 대한 꿈으로 발해 역사를 승화시키고 있다.

5월에 다녀온 속초 설악산 자락에 발해 역사관이 있다. 생각보다 규모도 크고 전시 품목도 알차게 잘 꾸며져 있었다.

3. 시베리아 횡단 기차 프로젝트 3탄

전체적인 여행 일정과 머물게 될 도시 소개

> 꿈을 이룰 수 있는 힘은 이성이 아니라 희망이며 두뇌가 아니라 심장이다.
>
> -도스토옙스키(1821~1881)-

냉전 시대를 배경으로 한 007 시리즈를 비롯하여 여러 영화에서 러시아는 보통 적국으로 나오며 이야기가 전개된다. 그 당시에는 가 볼 생각도 못했었는데 드디어 가게 된다고 생각하니 신나고 기대가 된다.

시베리아 횡단 기차 예매는 출발 날짜로부터 45일 전부터 할 수 있다. 시간표 검색은 60일 전부터 가능하다. 3개월 전부터 러시아 철도청에 회원 가입을 하고 예매하는 방법을 연습했다.

시베리아 횡단 철도(Trans Siberian Railway, TSR)의 9,288㎞와 상트페테르부르크까지 730㎞를 더하면 서울-부산 441㎞의 거리를 열한 번을 왕복할 거리가 된다.

드디어 시베리아 횡단 기차와 몽골 횡단 기차 예매, 부킹닷컴과 에어비앤비를 통한 숙소 예약을 마쳤다.

개괄적으로 간단하게 여행 일정을 정리해 본다.

1. 인천 공항에서 블라디보스토크까지 비행기로 2시간 걸린다. 블라디보스토크 공항에서 중심가인 아르바트 거리까지 공항철도나 공항버스를 1시간 타고 가서 게스트 하우스에 체크인한다. 이곳에서 2박 3일 머무르며 러시아를 몸으로 체험하고 어떤 냄새가 나는지 맡을 것이다.

2. 블라디보스토크에서 우수리스크까지는 110㎞ 떨어졌다. 횡단 기차는 800루블, 일반 기차는 하루 5차례 운행하고 190루블, 버스는 261루블이다. 아침 6시 47분 기차를 탈 예정이다. 아직 자세한 지도와 교통편의 검색이 안 되고 있다. 일단 시내에 있는 발해 유적지는 시내버스로 가고 멀리 떨어져 있는 발해 성터와 절터는 차를 대절해서 둘러볼 예정이다. 다음 날 한밤중 1시 40분에 시베리아 횡단 기차를 타고 62시간 48분을 달려 울란우데에는 오후 2시 28분에 도착한다.

3. 울란우데에서 시내 관광을 하고 1박을 한다. 다음 날 아침 7시 30분에 국제 버스를 타고 몽골 수도 울란바토르에 저녁 8시경에 도착하여 또 1박을 한다. 그다음 날 오전에 시내 관광을 하고 오후에 2시간 거리인 테를지 국립 공원으로 간다. 초원에서 말을 타고 밤하늘의 별을 보면서 게르에서 1박 후, 오후 4시 22분에 몽골 횡단 기차를 타고 몽골 국경을 통과하면서 다음 날 오후 3시 6분에 이르쿠츠크에 도착한다.

4. 이르쿠츠크 시내 관광을 하면서 1박을 한다. 중앙 시장 부근에 있는 버스 터미널에서 아침 8시 30분 미니 버스를 타고 3시간을 달

려 바이칼 호수 선착장에 도착한 후 페리를 타고 오후 3시경에 올혼 섬 후지르 마을에 내린다. 후지르 마을에서 1박을 한 뒤 같은 코스로 이르쿠츠크로 되돌아온다.

5. 이르쿠츠크 시내 관광을 한 뒤 다음 날 오전 6시 23분에 시베리아 횡단 기차를 76시간 8분 정도 타고 모스크바에 도착한다.

6. 모스크바에 3박 4일을 머물면서 시내 관광을 하고 유람선을 탄다. 오페라와 서커스를 본 뒤 야간 기차를 타고 8시간 후 아침 6시에 상트페테르부르크 역에 도착한다. (볼쇼이 극장 홈페이지를 보니 여름에는 단원들의 해외 순방으로 국내 공연 일정이 없어서 불확실하다.)

7. 상트페테르부르크의 APT에 3박 4일 숙박하면서 시내 관광을 하고 발레 공연을 본다.

8. 카타르 도하를 경유하여 인천 공항으로 귀국한다.

　러시아가 15개국으로 되었던 '소비에트 사회주의 연방'이었을 때의 면적은 지구라는 케이크의 1/4 크기였다. 현재 많은 연방 국가들이 독립했음에도 여전히 지구 면적의 1/6을 차지하고 있다. 한 번에 다 여행한다는 것은 현실적으로 어려운 일이니 일단 핵심적인 도시만 여행한다. 가깝고도 먼 나라에 일본뿐만 아니라 러시아도 포함되어야 할 것 같다. 2시간의 거리에서 유럽의 감성을 느낄 수 있다.

블라디보스토크(Vladivostok)

　1860년에 시가 형성되었고 동방을 정복했다는 의미로, 블라디보스토크(Vladivostok)라고 부르게 되었다. 인구는 61만 명이며 모스크바와 시차는 7시간이다. 장동건, 이정재, 이미연 주인공의 영화 '태풍'을 한 번 더 보면서 블라디보스토크 역과 주변을 눈에 익혔다. 금각만 (Golden Horn Bay)은 터키 이스탄불의 금각만과 비슷한 지형이라 그 이름을 붙였다고 한다. 도심 거리에는 제정 러시아 시대에 지어진 오래된 건물들이 많다.

우수리스크(Ussuriysk)

시베리아 횡단 기차 기준으로 보면 블라디보스토크 9,288㎞에서 우수리스크 9,177㎞까지의 차이는 111㎞로 2시간 거리이다. 이곳의 예전의 이름은 니콜스크우수리스키. 1891년 이곳에 방문한 황태자를 기리기 위해서란다. 유서 깊은 건물들이 약간 남아 있는 이곳은 한때 블라디보스토크보다 더 크고 중요한 도시였다.

울란우데(Ulan-Ude)

몽골계 민족인 부랴트 공화국의 수도이다. 인구 40만 명이며 모스크바와 시차는 5시간이다. 티베트 불교를 믿는다. 우수리스크 9,177㎞에서 울란우데 5,640㎞까지는 3,537㎞의 먼 거리이다.

연방 국가인 러시아에는 21개의 자치 공화국이 있다. 횡단 기차 구간 3,648㎞으로 2일 13시간 30분간 광대한 시베리아의 황량한 동부를 관통한다. 이곳 사람들은 자연 환경과 닮아 서부 사람들보다 거칠고 강인하다. 웃는 얼굴이 아시아 사람들을 닮았다. 매력적인 몽골과 불교문화를 접할 수 있다.

이곳은 동(東)시베리아에서 인기가 많은 도시로 이국적인 분위기를 느낄 수 있다고 한다. 7.7m의 청동으로 만든 레닌 두상이 있다. 1970년 레닌의 100번째 생일을 축하하기 위해 만들었다.

울란우데 ⇒ 울란바토르(몽골) ⇒ 베이징(중국)으로 몽골 횡단 철도 (Trans Mogolian Railway, TMR) 시발점이다.

몽골은 공기가 맑아서 헤아릴 수 없을 만큼 수많은 별들을 볼 수 있다. 특히 은하수는 신비롭기도 하며 황홀하다. 별 온도에 따라서 색깔이 다르다는 것을 기억한다. 파란색, 빨간색, 노란색 등 북두칠성도 일곱 개 별의 색깔이 다 다르다.

작년부터 매주 토요일 2시간씩 사진 강좌를 듣고 있는데 요즘 별 촬영하는 방법을 배우고 장비도 구입했다. 언젠가는 우주여행도 하고 싶다.

이르쿠츠크(Irkutsk)

동(東)시베리아의 사실상 수도로 유서 깊은 도시이며 시베리아 횡단 기차 구간에서 '시베리아의 파리'라는 애칭을 가질 정도로 인기가 많은 도시이다. 시베리아의 거점 도시이며 동서양 문화가 잘 어우러진 도시이다. 인구는 58만 명이며 모스크바와 시차는 5시간이다. 우리나라에서 한참 떨어진 서쪽인데 한국, 일본과 같은 시간대를 사용하고 있다. 울란우데에서 이르쿠츠크까지는 5,185㎞ ~ 5,321㎞이며 바이칼 호수와 불과 70㎞ 떨어져 있다. 이곳에서 출발하여 바이칼 호수의 서쪽으로 간다. 왠지 이름이 친근감이 드는 앙가라 강을 보고 싶다.

바이칼 호수(Lake Baikal)

세계에서 가장 오래되고 깊은 호수로 그 면적이 남한의 1/3이나 된다. 얼마큼 크기에 바다라고 할까? 왜 사람들이 바이칼 호수를 가고 싶어 하는지 느껴 보고 싶다.

올혼 섬(Olkhon Island)

바이칼 호수의 27개 섬 중 가장 큰 섬으로 제주도의 절반 정도 크기이다. 샤머니즘의 발원지로 알려져 있다. 이번 여행에서 기대되는 곳 중의 하나이기도 하다. 원래 2박 3일 머물고자 했는데 모스크바로 가는 기차 시간이 여의치 않아 하루만 머물게 되었다. 니키타 하우스에 이틀을 예약하였는데 하루만은 안 된다고 해서 결국 다른 곳으로 예약했다.

모스크바(Moscow)

러시아의 수도이며 인구는 1,200만 명이다. 한국과 6시간의 시차가 있다. 동부에서 출발한 횡단 기차는 9개의 역 중에서 야로슬라블 역에 도착한다. 상트페테르부르크로 갈 때는 레닌그라드 역에서 기차를 탄다.

- 붉은 광장 주변에 있는 크렘린, 성 바실리 성당, 굼 백화점, 역사 박물관을 관람한다. 박물관 대부분은 월요일에 휴관한다. 단 크렘린과 무기고는 목요일에 휴관한다.
- 볼쇼이 극장에서 발레와 오페라를 감상하지 못하면 서커스라도 본다.
- 모스크바 강 유람선을 타고 색다른 시내 정취에 빠져 보자.
- 많은 박물관 중에 시간이 허락하는 대로 관람한다.
- 보행자와 예술인의 천국인 아르바트 거리를 걸어본다.
- 지하궁전이라고 하는 깊고 깊은 지하철역을 경험한다.
- 모스크바에서 상트페테르부르크로 가는 2층 야간기차를 타보자.

상트페테르부르크(Saint Petersburg)

1703년에 네바 강 늪지대에 표트르 대제가 건설했다. 인구 수 480만 명이며 다리 342개가 있어 북구의 베니스라 불린다. 유럽을 향한 창이라 불리며 수많은 예술가들을 탄생시킨 계획도시이고 19세기 초 러시아 문화의 중심지였다. 러시아어 동영상 강의에서는 '뻬제르부르크'라고 말하였다.

- 비교 불가한 세계 최고의 미술품을 자랑하는 에르미타주 박물관에서 하루를 온전히 보내자. 세계 4대 박물관을 다 보게 된다. (온라인으로 예매를 하거나 전자 티켓을 발권하면 시간이 절약된다. 간단한 간식과 생수를 준비하자.)
- 그리스도 부활 성당에서 신비로운 색채 모둠을 감상하자.
- 성 이삭 대성당의 황금 돔에 올라 거대한 도시 모스크바를 눈과 가슴에 담아 보고 실내 박물관을 관람하자.
- 마린스키 극장에서 발레를 관람하며 러시아의 수준 높은 공연 문화를 체험해 보자.
- 도시를 벗어나 예카테리나 2세가 만들었다는 여름 궁전에서 베르사유 궁전의 추억을 떠올리며 한나절 동안 숲 속 산책을 하자.
- 러시아 APT에서 3박 4일 머물면서 간접 생활을 체험하자.

4. 모스크바 국립 심포니 오케스트라 내한 공연

러시아는 음악으로 나에게 다가왔다

"즈드라스트-부이쩨(안녕하세요)."

"오친 라트 비지쯔 바스(방문해 주셔서 반갑습니다)."

"스파시바(감사합니다)."

문화예술회관 라운지에서 러시아 단원에게 먼저 인사를 건네 보았다. 금발의 파란 눈을 가진 젊은 아가씨가 반가운 눈웃음의 미소를 띠며 러시아어로 인사를 받아 준다. 복도에서, 화장실에서 러시아 단원들의 대화가 낯설지 않았다.

모스크바 국립 심포니 오케스트라는 러시아 정통 클래식 음악의 재현을 목표로 젊고 재능 있는 음악가들을 선발하여 1994년에 창단하였다. 세계 여러 음악 축제의 초청 공연을 통하여 러시아를 대표하는 오케스트라로 실력을 인정받았다.

'젊은 세대들의 윤리적이고 음악적인 교육을 위해'가 모토이며 많은 음악회를 열고 있는 심포니 오케스트라이다. 특징은 젊음이며 폭발하듯 생동감 넘치는 해석으로 세계 여러 계층의 음악 애호가들을 감동시키고 있다.

팬플루트로 연주한 '외로운 양치기'를 오랜만에 들으면서 즐겨 들었던 중학생 시절을 떠올렸다. 절도 있으면서 비장함이 느껴지는 피아졸라의 '리베르 탱고'를 들으면서 언젠가 반드시 탱고를 배우리라 생각했다.

지휘자 노태철 님은 오스트리아와 러시아에서 지휘와 작곡 이론을 공부하셨다. 재치 있는 인사말을 시작으로 친절한 곡 해설과 부드러우면서 박력 있게 지휘하는 모습이 보기 좋았다. 지휘자는 어떻게 저 많은 악기들의 특성을 파악하고 곡 해석을 할까? 감탄하게 된다. 차이콥스키 심포니를 들으면서 새삼 교향곡이 지루하지만은 않다는 것도 느꼈다.

'러시아' 하면 오랫동안 대중들에게 사랑받아 오는 문학을 비롯하여 음악과 발레, 오페라, 뮤지컬을 빼놓을 수 없다. 고전 시대부터 지금까지의 유명한 문학가, 음악가, 예술가들을 떠올린다. 특히 발레리나들은 발레를 위해서 태어났다고밖에는 설명할 수 없다. 동양인들이 보기에는 신체의 비율이 가히 예술적이다. 살아 있는 백조들이 차이콥스키가 작곡한 '백조의 호수'의 아름다운 선율과 하나가 되어 즐기는 듯하다. 상트페테르부르크에서 '백조의 호수' 공연을 볼 계획이다. 체조 또한 빼놓을 수 없다. 추운 나라여서 실내에서 생활을 많이 해서인가 싶기도 하지만 타고난 신체 조건과 어릴 때부터 받은 체계적인 교육도 큰 비중을 차지할 것이다.

    최근 여행을 준비하는 과정에서 즐겨 시청하는 '세계 테마 기행'과
'걸어서 세계 속으로' 등 여러 언론 매체를 통해 러시아와 시베리아 횡
단 기차, 몽골에 대한 소개를 자주 접하게 되어 관심을 가지고 반갑
게 잘 보았다.

2

실천에 옮긴
준비 과정

I. 항공기 예약하기

해외여행에서 제일 먼저 해야 하고 중요한 것이 항공기 예약이다. 빨리 서두르는 것이 경제적으로 절약되고 여행을 구체적으로 계획할 수 있다. 외국 항공사 홈페이지에서 반짝 할인 행사를 할 때가 있으니 수시로 확인하자.

'스카이 스캐너'[2] 사이트에서 여러 항공기편을 상세하게 실시간으로 비교 검색한다. 실제로 예약하려고 하면 생각지 않은 부가 금액과 수수료가 있어서 잠시 망설이게 된다.

국내 사이트에서는 '11번가'를 추천한다. 카드 결제할 때 12개월 무이자 할부가 가능하다. 문제가 생겼을 때 외국 사이트는 연락이 잘 안 되는 데 비해 이곳은 우리말로 고객 센터와 빠른 연락이 가능하다는 장점이 있다.

---

2 https://www.skyscanner.co.kr

2. 시베리아 횡단 기차 예매 방법

시베리아 횡단 기차 예매와 관련된 것은 '러시아 철도청'[3] 사이트에서 모두 할 수 있다.

- 러시아 키릴 문자에 당황하지 말고 우측 상단에서 영어로 바꾸기를 하면 된다.
- 우선 철도청 회원 가입을 해야 한다.
- 출발역과 도착역, 그리고 출발 일자를 검색한다.

모든 시간은 모스크바 시간을 기준으로 하니 주의해야 한다. 예를 들면 블라디보스토크에서 모스크바는 7시간의 차이가 나기 때문에 현재 기차표의 시간에 '7'을 꼭 더해야 한다. 모스크바로 갈수록 중간 역은 숫자를 적게 더해야 한다.

열차 번호, 출발 시간, 소요 시간, 가격, 도착 시간을 보고 선택하면

---

3 http://pass.rzd.ru

된다. 열차 번호가 빠를수록 시설이 좋고 속도가 빠르다. 객실은 1등실, 2등실, 3등실이 있는데 가격은 갈수록 배 이상 더 비싸다. 3등실은 앞 번호를 선택하니 괜찮았다.

좌석은 안내 사진을 보면서 선택할 수 있으며 객차 중간과 아래 좌석이 좋다. 체격이 있는 사람은 2층과 옆 좌석은 절대 예약하지 않도록 하는 것이 후회를 하지 않는 방법이다.

다 선택하였으면 개인 정보에 개인별로 입력해야 한다. 열차에 탑승할 때 승무원이 여권과 티켓을 대조하며 꼼꼼하게 글자를 하나하나 확인하는데, 만약 하나라도 틀리면 탑승을 못 하거나 현장에서 비싼 가격으로 재구매를 해야 한다.

카드 결제까지 마쳤으면 전자 티켓을 출력하여 잘 보관한다. 그리고 기차역에서 금딱지가 붙어 있는 멋진 승차권으로 바꾸면 된다.

모스크바에서는 E-티켓으로 기차 탑승이 가능하다. 블라디보스토크에서는 확실하지 않으니 기차 티켓으로 바꾸는 것이 좋을듯하다. 블라디보스토크에서 시베리아 횡단 기차를 타는 곳과 로컬기차를 타는 곳이 다르니 확인을 꼭 하자.

3. 숙소 예약하기

숙소를 예약하는 데는 수많은 사이트가 있다. 블라디보스토크 게스트 하우스만 에어비앤비[4]에서 예약했다. 그 외 숙소는 모두 부킹닷컴[5]을 이용했다.

여행을 계획하다 보면 숙소와 숙박 일자를 변경하게 된다. 다른 사이트는 취소 수수료가 있는데 부킹닷컴은 일주일 전까지 취소 수수료가 없어서 개인적으로 추천한다.

숙소를 예약할 때는 단기간은 기차역과 가까운 곳이 좋고 3일 이상 머물 때는 이동을 고려하여 관광지가 밀집된 시내 중심가가 좋다. 사이트에 올라온 숙소에 관한 정보를 꼼꼼히 살펴보고 평가와 평점을 참고하면 결정하는 데 도움이 된다.

---

4 https://www.airbnb.co.kr

5 Booking.com

4. 떠나기 전 지출된 여행 경비

항공 요금

- 인천 ⇒ 블라디보스토크 항공료 515,400원(1인 128,850원): AURORA 항공, 2월에 11번가에서 12개월 무이자 할부로 결제했다.
- 상트페테르부르크 ⇒ 인천 2,325,664원(1인 581,416원): 카타르 항공사는 아시아나항공 마일리지를 적립할 수 있다.

시베리아 횡단 기차

- 우수리스크 ⇒ 울란우데 429,727원(1인 107,431원)
- 울란바토르 ⇒ 이르쿠츠크 몽골 횡단 국제 기차 686,627원(1인 171,656원)
- 이르쿠츠크 ⇒ 모스크바 783,278원(1인 195,819원)
- 모스크바 ⇒ 상트페테르부르크 177,011원(1인 44,252원)

그 외

- 김천 ⇒ 인천 공항버스 4인 112,400원 + 수수료 5,600원
- 몽골 비자 60,000원(1인 15,000원): 대사관에 직접 신청할 경우의 금액이고, 여행사에 위탁하면 1인 30,000원이다.
- 국제 학생증 28,000원(효준, 효은 각 14,000원)
- 여행자 보험 4인 164,080원(본인 68,090원, 아내 61,090원, 효준 17,400원, 효은 16,600원): 효준, 효은이는 키세스 여행사에서 국제 학생증으로 할인받았다.
- 전투 식량 10종류 10개씩 온라인으로 주문 116,760원(12,480원 × 6 종류, 12,780원 × 2종류, 10,080원, 6,240원)
- 컵라면과 간식 100,000원

숙소 예약 경비

7월 21일: 블라디보스토크	6인실, 2박	99,142원
7월 26일: 울란우데	8인실, 1박	46,808원
7월 27일: 울란바토르	4인실, 1박	32,356원
7월 30일: 이르쿠츠크	4인실, 1박	56,805원
7월 31일: 후지르 마을	4인실, 1박	50,051원
8월 1일: 이르쿠츠크	4인실, 1박	57,201원
8월 5일: 모스크바	4인실, 3박	213,020원
8월 9일: 상트페테르부르크	APT, 3박	351,057원

총 13박 906,439원(1인 226,609원)

사이트를 매일 방문하여 특별 할인 행사 기간을 이용, 정가에 비해 50~70% 할인된 가격으로 예약할 수 있었다.

- 야간열차 8박, 테를지 국립 공원 1박, 카타르 호텔 1박, 비행기 1박: 총 24박 25일

인출

7월 1일

- 80만 원 환전, 42,000루블(가지고 있던 엔화 8,000엔을 가지고 갔다. 엔화는 울란바토르에서 몽골 화폐 투그릭으로 환전했다.)
- 씨티 카드 사용(BC 카드, 우리 은행 체크 카드를 가지고 갔다.)

8월 5일: 모스크바 씨티 은행 ATM 40만 원 인출
8월 8일: 모스크바 씨티 은행 ATM 40만 원 인출

총 800,000원 인출 = 44,000루블

한국에서 루블화로 환전하면 이중 수수료가 많이 든다. 러시아에 도착해서 사용할 것만 환전한다. 루블화 환율이 내려가는 추세이면 카드로 결제하는 것이 이익이다. 씨티 은행 ATM에서 씨티 현금 카드로 필요한 돈을 인출한다.

면세품은 공항보다 기내에서 구입하는 것이 적용 환율에서 이득이다.

여행 준비물

캐리어 2개, 보스턴 가방 1개, 55ℓ·35ℓ·30ℓ 배낭, 카메라 가방, 여권, 여권 복사본, 사진, 항공기와 시베리아 횡단 기차 E-티켓, 호스텔 예약 확인서와 안내서, 가이드북, 읽을 책, 카메라, 렌즈, 필터, 삼발

이, 긴 코드 멀티탭, 노트북, 충전기, 보조 배터리, 이어폰, 손전등, 코펠, 컵, 전투 식량, 컵라면, 간식, 선글라스, 모자, 선크림, 3단 우산, 우비, 골프공, 안대, 귀마개, 샌들, 스포츠 타월, 수건, 세면도구, 긴 남방, 짧은 셔츠, 긴 바지, 짧은 바지, 얇은 점퍼, 속옷, 커피 믹스, 맥가이버칼, 라이터, 성냥, 칼, 개인위생 용품, 감기약, 아스피린, 정로환, 진통제, 인공 누액, 눈약, 비타민, 후시딘, 밴드, 구내염 약, 모기약.

- 조금 아쉬워서 다음에는 꼭 챙겨 가야겠다고 생각한 것: 햇반, 보리차·둥굴레차 티백, 미숫가루.

전투 식량, 컵라면은 너무 많지 않아도 되고, 스포츠 타월과 수건도 숙소에 있으므로 많이 필요 없다. 속옷과 수건의 경우 낡은 것을 준비해서 사용 후 버린다. 노트북은 부피와 무게만 많이 차지했다.

그 외에 사용하지 않아서 다음에는 안 가지고 갈 것으로는 안대, 귀마개, 라이터, 성냥, 모기약 등이 있었다.

특히 칼과 라이터는 기내 반입이 안 되니 꼭 수화물에 넣기를 바란다.

코펠 3개와 밥그릇 4개를 가지고 갔었는데 코펠 하나만으로도 충분했다. 플라스틱 숟가락 포크와 나무젓가락은 많이 필요 없다.

드라이 샴푸를 2~3개 가지고 가면 여유 있게 사용한다. 단 사용할 때는 실내에서 하지 말고 정차했을 때 바깥에서 사용한다. 기차 안에서 카드게임을 많이 하므로 카드를 준비하면 같이 어울릴 수 있다.

3

드디어
러시아로 간다

I. 여행을 출발하면서

내 가슴이 뛰는 여행을 평생 잊히지 않는다

떠남은 새로운 도전이다. 꿈꾸는 자는 언젠가는 이루어짐을 보기 위해 실행으로 옮겼다. 그동안 계획하고 준비하는 시간들이 즐겁고 재미있었다.

때로는 수십 년 동안 끊임없이 노력해도 안 되는 것이 인생임을 경험으로 안다.

그럼에도 불구하고 이루어질 때까지 노력하는 것 또한 나의 운명이며 의지이다. 내가 원하고 계획하는 대로 된다면 나와 다른 사람에게 도움이 되고 보다 멋진 삶을 살 수 있을 텐데 하는 나의 생각과 달리 하나님께서는 "아직은 때가 아니다."라고 하시는 것 같다.

1992년 40kg의 묵직한 배낭을 메고 세계 여행을 떠난 것은 그동안 애쓰고 수고한 나에 대한 선물이었다. 2016년 7월 21일 가족과 함께 23박 24일로 시베리아 횡단 기차 여행을 떠난 것 또한 나와 가족에 대한 선물이었다.

　오랫동안 최선을 다해 준비했고, 부족한 점은 현지에서 누군가의 도움을 받을 것이다. 내가 최선을 다해 준비하고 노력한다면 그 이상의 성과를 얻는다는 것을 경험으로 체득해서 알고 있다. 여행을 준비하고 떠날 때 내 가슴이 뛰고 제일 행복하다는 것을 다시 한 번 깨달았다.

　지금 여러 가지 일들로 사는 것이 힘들다고 생각하는 사람들과 여행을 꿈꾸는 사람들에게 나의 여행 준비와 여행 이야기가 위로와 희망, 도움이 되기를 바란다.

　꿈을 꾸면서 노력하면 언젠가 이루어진다.

　그동안 꿈꾸었던 가족 세계 여행을 향한 첫걸음이 시작되는 순간이다. 여행을 막연히 생각하는 것과 준비하는 것과 배낭을 꾸리고 떠나는 것은 또 다른 행동이다. 설렘과 기대감으로 바뀌면서 구체화된다. 앞으로의 여정에 대한 걱정은 없었다.

　여행 떠나기 전날 공항 리무진 버스를 예약하러 갔더니 사장님 아버지께서 벌써 8월 중순까지 매진이란다.

'럴수 럴수 이럴 수가!'

기차와 고속버스는 당연히 일주일 전에 예약을 해 왔었는데 공항 리무진은 생각도 못한 것이다. 당황하는 그 짧은 시간에 수많은 경우의 수가 바쁘게 머리를 지나가고 있었다. 오늘 저녁에 기차를 타고 가서 인천 공항에서 노숙해야 하는가 하는 생각까지 미치는 찰나였다. 수영을 같이 하던 사장님께서 오셔서 버스 회사에 연락을 하여 예약을 하고 직접 버스표를 구해 주셨다.

평소와 같이 가족은 공항 대합실에 있고 난 E-티켓을 들고 좌석권을 받고 짐을 붙이기 위해 카운터로 갔다.

"안녕하세요. 수고가 많으십니다."

"가족이 다 오셔야 합니다. 러시아에는 무슨 일로 가시나요? 언제 귀국하시나요? 귀국 항공 티켓은 있으신가요?"

'출입국 관리소도 아니고 이건 무슨 자다가 봉창 두드리는 소리란 말인가?'

가족을 불러 오니까 무료 수화물은 한 사람에 하나밖에 안 된다고 한다. 그 이상은 무게에 상관없이 한 개당 55,000원의 추가 요금을 지불해야 된다며 단호하다.

작은 배낭에 있는 옷들을 분산시켰다. 지금까지 여행할 때는 한 사람당 무료 수화물 무게를 30kg로 생각했기 때문에 가방의 개수는 전혀 예상치 못했다. 규정이 바뀌었나 생각했다. 작은 배낭으로 옮기고 기내에 들고 가겠다고 하니 기내 수화물도 규정된 무게와 부피가 있고 한 사람당 하나밖에 안 되며 꼬리표를 붙여야 한다고 한다.

'아니, 이 여자가 오늘 아침에 뭘 잘못 먹었나?'

순간 욱 하고 올라 왔으나 참았다. 내가 비행기를 처음 타는 것도 아닌데⋯⋯.

옆에 있던 다른 여직원이 그 직원에게 이제 그만하라는 표정을 한다. 다시 줄이고 줄여서 한 사람에 한 배낭으로 해서 태그를 붙였다. 그러나 잠시 후 기내에는 우리보다 큰 가방을 양손에 들고 꼬리표를 붙이지 않은 채 들어오는 사람이 많았다.

이것은 어떻게 설명해야 되는가? 다시 돌아가서 그 여자에게 묻고 싶었다.

2. 러시아의 첫 도시 블라디보스토크

　블라디보스토크로 가기 위해서는 동해 여객 터미널에서 오후에 탑승하여 16시간을 소요하거나 비행기로 2시간을 날아가는 방법이 있다. 정상 운임료는 30만 원에서 100만 원의 정도로 형성되었지만 일자에 따라 할인 폭이 크다. 2월에 여러 사이트를 검색한 뒤 11번가에서 12개월 무이자 할부에 5,000원씩 할인을 받아 128,500원에 예매했다.

　시베리아 횡단 기차 또한 일찍 예매를 해야 원하는 날짜와 좌석을 정상 요금에 비해 할인된 가격으로 할 수 있다. 이르쿠츠크에서 모스크바로 가는 3박 4일 기차를 예매하기 위해 모스크바와 5시간 차이를 계산하고 예매 사이트에 들어갔을 때는 벌써 원하는 날짜에 남아 있는 좌석이 8좌석밖에 없었다.

　블라디보스토크 공항에서 시내 중앙역까지 가는 공항버스는 25인승 혹은 12인승인데 1시간에서 2시간마다 불규칙적으로 온다. 우리는 그 12인승 봉고를 눈앞에서 보내야만 했다. 햇살이 쨍쨍한 뙤약볕

에서 기다릴 생각에 잠시 머리가 어찔했다. 공항 기차는 시간이 맞지 않다.

그때 한국말을 유창하게 하는 러시아 아줌마가 나에게 다가와 웃으면서 말을 건넨다.

"우리와 합승하실래요? 승합차 한 대 빌려 우리 가족 3명과 그쪽 가족 4명이서 함께 타면 저렴하게 갈 수 있어요."

그녀는 부산에 살고 있으며 러시아 말을 할 줄 모르는 한국인 남편, 6살 딸과 함께 러시아 여행을 하러 왔다고 했다. 차를 타고 가면서 여러 이야기를 나누며 처음 러시아에 도착한 후 생소했던 마음이 차츰 적응되어 가고 있었다.

예약한 게스트 하우스 입구에 도착했다. 우리 가족은 게스트 하우스를 처음 보았고 숙박도 처음이었다. 실내가 6인실로 아담하고 깔끔

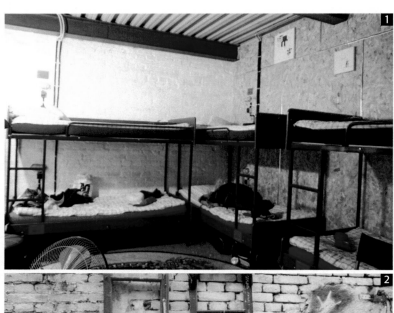

1. 6인실 게스트하우스 내부
2. 게스트하우스 바깥 모습
3. 게스트하우스 카운터와 휴게실과 간이식당

하며 이국적이다. 다행히 모두 마음에 들어 하고 두 명의 외국인과도 인사하면서 잘 지냈다. 이것이 배낭 여행자의 전형적인 모습이라고 생각한다. 열린 마음으로 다른 여행자들과 더불어 지내며 숙소와 식사는 가능한 저렴하지만 알차게 한다. 그리고 최대한 많은 것을 보고 경험하는 것이다.

이틀간 블라디보스토크를 둘러보면서 러시아라는 새로운 환경이 흥미로웠고 즐거웠다. 곳곳에서 레닌 동상과 옛 소련 국기들을 많이 볼 수 있다. 아르바트 거리에서 미국 애플사 마크와 나란히 있는 것이 아이러니하면서 보기 좋았다. 서로의 다른 가치관과 사상을 인정하면서 더불어 평화롭게 공존하는 세계가 되기를 희망한다.

아르바트 거리에서 주위를 구경하며 걸어서 20분 만에 블라디보스토크 기차역에 도착했다. 어제 공항버스를 타고 왔다면 이곳에서 다시 택시를 타고 게스트 하우스로 가야 할 상황이었다. 역의 외관이 고품격의 멋스러움을 간직한 채 고고한 자태로 서 있었다. 입구에서 검색대를 통과하면서 필리핀이 떠올라 피식 웃음이 나온다.

실내는 기차역이 아니라 미술관에 온 듯했다. 고개 들어 천장을 보니 아름다운 그림이 눈에 들어온다. 주위의 인테리어를 하나씩 유심히 살펴보았다. 지하 1층 좌측 계단을 따라 내려가면 돈을 내고 사용하는 화장실이 있다. 러시아를 여행하면서 화장실을 사용할 때마다 우리나라 화장실을 떠올리게 되었다.

티켓 창구에 가져온 시베리아 횡단 기차 E-티켓을 보여 주니 하나씩 확인하고 금딱지가 붙어 있는 시베리아 횡단 기차 티켓으로 교환해 준다. 어떤 사람은 안 바꾸어 주었다고 하는데 나에게는 웃으면서

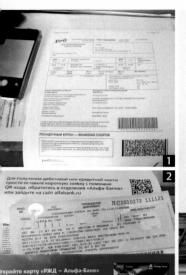

1. E-티켓
2. 시베리아 횡단 기차 티켓
3. 블라디보스토크역
4. 블라디보스토크 구 내에 천장화
5. 시베리아 횡단 철도 안내지도

한 장 한 장씩 4구간에 12장을 주었다. 기차표가 백화점 상품권처럼 품위 있고 멋스럽다. 기념품으로 손색이 없다. 기차표를 손에 들고 나니 비로소 안도감에 마음이 편해지고 여유가 생긴다.

여행하면서 블로그에 여행기를 포스팅을 하기 위해 무겁게 들고 간 노트북인데 아쉽게도 사진 업로드와 워드 작업에서 계속 에러가 났다. 몇 시간의 반복 끝에 간신히 블로그에 첫 포스팅을 했다. 결국 여행 기간 중에 노트북은 전혀 사용하지 않았고 스마트폰으로 매일 포스팅을 했다.

여행 TIP

1. 공항 리무진 버스도 반드시 예약을 하자.
2. 무료 수화물은 사람 수에 따라 하나만 무료이며 기내에 들고 가는 작은 가방도 꼬리표를 붙여야 한다고 한다.
3. 비행기 티켓과 시베리아 횡단 기차 티켓은 일찍 예매하자.
4. 숙소도 일찍 여러 사이트를 검색해서 평점과 설명이 좋은 곳을 선택하여 예약해야 한다.
5. 시베리아 횡단 기차는 E-티켓으로도 탑승할 수 있으나 기념이니 꼭 금딱지 마크가 붙어 있는 기차표를 받자.

숙소: Gallery And More Guest House

6인실에 1박 44,196원, 2박 99,142원(1인 1박 11,049원)으로 조용하고 이국적이다. 별채 건물에 주방 시설이 잘 되어 있다. 아르바트 거리에 위치해서 해변과 가깝고 블라디보스토크 역은 걸어서 20분 정도 소요된다. 젊은 매니저가 친절하다. 첫 게스트 하우스로 경험하기 좋고 가격 대비 만족한다.

7월 21일 목요일 흐림	
인천공항 롯데리아 프렌치프라이	2,000원
공항에서 게스트 하우스 12인승 합승	1,500루블
해안가 식당 킹크랩 1㎏ + 게살500g	2,403루블
전자레인지 20분 사용비	300루블
케밥	200루블
생맥주	160루블

스마트폰 어플보다는 종이 지도가 낫더라

지금까지 살아오면서 힘들 때나 중요한 결정을 해야 할 때 곁에서 누군가 조언을 해 주었으면 좋겠다고 생각한 적이 있다. 결국에는 스스로 답을 구하고자 나름대로 노력을 많이 했었고 현재도 그렇다. 하나님의 음성을 듣고자 기도도 많이 했다. 침묵도 응답이라는 결론을 내린다.

살아가면서 인생 나침반과 지도가 있으면 얼마나 좋을까? 인생 지도가 있다면 내가 원하는 곳은 어디든지 찾아갈 수 있을 것이다. 길을 잃더라도 다른 사람에게 물어서라도 찾아갈 수 있을 테니까.

여행하기 편리한 세상이다. 스마트폰으로 검색하면 많은 것들을 쉽게 해결할 수가 있다. 하지만 나는 조그마한 스마트폰 화면의 지도보다는 종이 지도가 좋다. 낯선 곳에 도착하면 제일 먼저 지도를 구해서 펼쳐 보고 내가 어디쯤에 있는지 확인한다. 한눈에 다 들어오는 지도를 보고 있으면 호기심 가득한 나의 눈은 반짝인다. 둘러볼 곳을 체크하고 계획을 세우는 것이 신나고 즐겁다.

게스트 하우스에서 나오자마자 이국적인 아르바트 거리가 보인다. 저 멀리 동해 바다와 이어지는 수평선이 보인다. 비행기로 2시간밖에 안 걸리는데 그동안 너무 멀게만 느껴졌던 곳이다. 드디어 내가 러시아에 왔구나 하면서 환호성을 지르고 싶어진다.

바다를 바라보면서 걸어가는 길이 운치 있다. 아무르만의 아름다운 해변에서 불어오는 바닷바람이 몸과 마음을 시원하게 한다. 작은 놀이동산과 넓은 광장에 사람들이 많다. 이곳 사람들에게 사랑을 듬뿍 받는 곳임을 알 수 있다. 경쾌한 음악이 나오면 리듬에 맞추어 저절로 몸이 흥겹게 반응을 한다. 저쪽 계단 위에서는 블루스를 추는데 보기 좋고 아름다우며 멋지다.

흐린 날씨가 조금은 아쉽다. 백야가 끝났지만 아직은 9시가 넘어야 어두워지므로 여행 다니기 좋다. 다음 달이면 서서히 추워지고 해가 일찍 저물 것이다.

가게와 카페마다 특징 있는 간판들도 예술적이고 귀엽다. 아름답고 조그마한 분수와 가로등이 있어 더욱 예쁘다. 2박 3일을 머무르면서 러시아를 적응하기를 잘했다고 생각했다.

블로그에 나오는 국내외 맛집에 가 보면 대부분 실망하기 마련이다. 그곳은 진짜 맛집이 아니라 본인이 가 본 곳의 인증 사진일 뿐이란 것을 이제는 안다. 블라디보스토크 여행기에 맛집으로 많이 나오는, 해양 공원에 있는 냉동식품 가게에 갔다. 이곳에서 냉동 해산물을 구입한 후 음식을 데우고 뒤편으로 가면 식탁이 많이 있는 넓은 공간이 있는데 그곳에서 먹는다. 주변에서도 여러 가지 요리를 해서 파는데 딱히 먹고 싶은 것은 보이지 않는다. 생각보다 기대 이하여서 실망이다. 아르바트 거리에 있는 분위기 좋은 레스토랑으로 갈 것을 잠시 후회했다.

1. 바닷가 조각품
2. 아르바트 거리에 있는 애플마크와 레닌 동상과 구소련국기
3. 메가폰 유심카드
4. 아르바트 거리

24일 동안 여행할 때 중요하게 사용할 스마트폰을 현지 유심 칩으로 바꾸어야 한다. 매장이 제일 많고 유명한 MTC에 갔는데 컴퓨터가 고장이라서 개통할 수가 없다고 한다. 옆 건물에 메가폰(Megafon) 통신사가 있어서 들어갔다. MTC보다 가격도 훨씬 저렴한 270루블, 한화로 5,400원이다. 한국에 비하면 엄청 저렴하다. 우리나라 통신 요금은 비합리적으로 너무 비싸다. 초창기에 설치비로 받는다는 기본요금을 왜 아직도 받는지 그것이 알고 싶다. 러시아 여행하는 동안 한 번도 문제없이 잘 사용하였다. 데이터를 2/3 사용하고 1/3이 남았다.

시베리아 횡단 기차의 종착역인 블라디보스토크 역 아래에 기념비와 전시된 기차가 있다. 1941년부터 1948년까지 9,288㎞ 철도를 건설하였다는 것이 대단하다. 여러 나라에서 온 단체 관광객들이 기념사진을 찍기에 바쁘다. 썰물처럼 왔다가 밀물처럼 한순간에 빠져나간다. 그것이 패키지여행의 아쉬운 점이다.

혁명 광장이라고 불리는 중앙 광장에 토, 일요일만 열리는 오픈 마켓이 있다. 쉽게 말하면 주말장이다. 오늘이 토요일이라서 타이밍이 절묘하다. 나는 사람이 살아 있는 에너지와 생동감이 느껴지는 시장 구경을 좋아한다. 러시아 시장은 어떤 분위기인지 부지런히 돌아다니며 구경한다.

여러 종류의 먹고 싶은 것을 사 먹는 게 재미있으며 좋아한다. 집 떠나 온 다음 날이라서 '어, 김치가 있네.' 했었다. 그 이후로 가끔 '아, 그때 김치를 좀 사 둘 것을.' 하는 생각이 들었다. 러시아의 김치 맛은 어떨까? 아직도 궁금하다.

러시아에서 꼭 맛보아야 할 것은 치즈와 꿀이다. 추운 나라라는 이

1. 시베리아횡단철도 9,288km 기념비

2. 혁명광장

3. S-56 잠수함 내부 어뢰

4. S-56 잠수함 앞에서 결혼피로연

5. 중앙시장

유 때문인지 여행 중에도 그렇게 많은 꽃들을 보지 못했는데 왜 꿀이 좋고 유명할까? 벌들이 꿀을 채집하는 시간이 짧기 때문에 고강도의 비행을 해서 그런가? 달콤하고 진한 꿀맛이었다.

러시아에 가면 샤라포바가 왜 배우를 안 하고 테니스 선수가 되었는지 알게 될 거라고 누군가 말했다. 소문난 잔치에 먹을 것이 없다는 것은 때로는 틀린 옛말이다. 처음에는 여배우들이 영화 촬영을 하는 줄 알았다. 사진을 찍어도 되겠냐고 물으니 살포시 미소를 띠며 포즈를 취해 준다. 미녀들이 마음씨까지 좋으니 마음에 든다. 김태희의 외모, 전지현의 몸매, 정유미의 미소에 버금가는 아름다운 여인들을 보는 것은 기분 좋은 일이다.

태평양 함대는 러시아 함대 중 가장 큰 함대였다. S-56은 그들의 영웅성과 헌신을 기념하며 1975년 조국 전쟁 승리 30주년을 맞아 전시되고 있다고 한다. 전쟁의 아픔은 세월 속에 묻어 있다. 지금은 결혼한 부부가 친구들과 즐겁게 파티하며 기념사진을 촬영하는 장소로 사랑을 받고 있다고 한다.

같이 어울리자면서 손짓으로 나를 부른다. 아마 혼자 배낭여행 중이었다면 저들과 어깨동무하며 스스럼없이 어울려 한국 노래 몇 곡은 불렀을 것이다.

잠수함 내부에는 함대의 역사와 업적에 관한 설명과 사진들이 전시되어 있다. 좁고 답답한 작은 공간에 4층 침대의 선실과 기관실 조타실 등이 있다. 깊고 깊은 바다 속에서 이런 쇳덩어리 안에 갇혀 얼마나 많은 땀을 흘리며 힘들었을까? 어뢰로 13척의 적 함대를 격침시켰다고 한다.

이념이 다르다는 이유로 사람을 죽이는 일은 정말 비극이다. 남아 있는 가족들은 평생 그리움과 아픔의 눈물을 가슴에 안고 살아갈 것이다.

1891년 니콜라이 2세가 연해주 수도인 블라디보스토크 방문을 기념하기 위해 개선문을 지었다. 그의 아버지 알렉산드로 3세의 제안으로 세계 일주를 떠났다고 한다. 그때는 어떻게 세계 일주를 했을까? 난 국민학생 때『80일간의 세계 일주』책을 읽고 세계 여행을 처음 꿈꾸기도 했다.

여행 TIP

1. 여행기를 보면 블라디보스토크에서 볼 것이 없다고 1박만 하고 시베리아 횡단 기차를 타는 경우가 많은데 2박을 권한다.
2. 유심 칩은 굳이 MTC를 하지 않아도 된다. 다른 통신사가 저렴하며 사용하는 데 전혀 불편함이 없었다.
3. 냉동 해산물 파는 곳보다는 아르바트 거리의 카페와 식당에 가 보기를 권한다.
4. 잠수함 박물관은 국제 학생증 할인이 안 된다.

7월 22일 금요일 흐림

메가폰 유심 카드 270루블 × 4개 1,080루블
중앙 시장 빵 55루블, 떡갈비 100루블, 살구 50루블, 꿀 70루블, 석류 음료 50루블
과일즙 20루블, 화장실 20루블, 잠수함 입장료 400루블
독수리 전망대 기념품 500루블, 버스 80루블
슈퍼마켓 430루블, 푸드 코너에서 저녁 식사 965루블

말은 생명이며 융통이 중요하다

이 세상은 한 권의 아름다운 책이다. 그러나 그것을 읽으려고 하지 않는 사람에게는 아무런 쓸모가 없다.

-골드니-

마음에서 마음으로 전한다는 '이심전심(以心傳心)'의 한자성어가 있지만 본인의 생각을 표현하는 것이 필요하고 중요하다. 최근에 소통이라는 단어를 많이 사용하는데 정확한 표현은 융통이라고 한다.

표현의 방법과 수단은 여러 가지가 있지만 그중 문자와 언어가 가장 중요하다. 우리에게 한글이 있다는 것이 얼마나 감사하고 자부심 큰 일인가. 한글은 전 세계 7천 개의 문자 중에서 유일하게 만든 사람과 년도를 알 수 있으며 만든 이유는 백성을 위해서라고 한다. 소리 나는 대로 다 표현하고 말하고 싶은 대로 다 적을 수 있는 것이 신기하고 놀랍다. 배낭여행을 하면 숙소에서 편지와 일기를 적을 때 외국인들이 아름다운 글자라며 자기 이름을 적어 달라고 많이 부탁을 한다.

우리나라에 훈민정음을 만든 세종대왕이 있다면 유럽에는 키릴 문자를 만든 키릴 형제가 있다. 유럽에는 '로마 알파벳'과 '그리스 문자'와 '키릴 문자'가 있다. 9세기 불가리아의 키릴 형제가 그리스 초서체를 참고로 제작한 문자이다. 서예를 1년 배우면서 초서체의 오묘함을 조금은 경험으로 안다.

여행을 준비하면서 키릴 문자를 외우고 공부했는데 키릴 문자를 사용하는 러시아와 몽골에서 많은 도움이 되었다. 이상하게 생긴 알파벳도 자연스럽게 읽을 수 있다는 것이 신기하고 재미있다.

다른 나라를 여행할 때 그 나라의 언어, 문자와 더불어 문화까지 공부해서 가면 훨씬 여행이 풍성해진다. 내년 여름 방학 때 미국 대륙 횡단 여행을 위해 귀국하면 영어 공부를 다시 열심히 해야겠다.

거대한 금각교 밑에 러일 전쟁 무명용사 기념비가 있다. 러시아에는 유독 이런 전쟁 기념비와 동상들이 많이 보인다. 누구를 잊지 않고 기념한다는 것은 중요하고 의미 깊은 일이다. 조국을 위해 목숨을 바친 사람들도 하늘나라에서 자신들을 기억하고 있는 조국을 본다면 외롭지 않고 보람을 느낄 것이다.

블라디보스토크에서 제일 높은 곳에 있는 독수리 전망대는 '푸니쿨료르'를 이용하면 쉽고 편리하게 오를 수 있다. 그러나 내부 수리 중이라는 안내 글이 붙어 있었다.

해발 고도 214m에 위치하고 있는 오를리노예 그네즈도 산 위에서 전경을 바라본다. 땀을 뻘뻘 흘려 가면서 정상에 오르자 탁 트인 시야와 시원한 바람이 고단함을 씻어 준다.

부두가 늘어서 있는 금각만은 터키 이스탄불의 동서양을 잇는 곳과 비슷하여 그렇게 이름을 지었다고 한다. 세계에서 가장 긴 사장교로 1,104m인 금각만 대교와 도시 전경이 한눈에 보여 전망이 훌륭하다. 2012년에 개최된 아시아 태평양 경제 협력체 정상 회의(APEC)를 앞두고 건설되었다. 그런데 건설비용은 우리나라 4,420m의 영종대교보다 더 들었다고 한다. 왜 그랬을까? (힌트: 블라디보스토크 시장이 구속되었다고 한다.)

이곳에도 수많은 연인들의 사랑의 약속을 다짐하는 자물쇠들이 여

1. 키릴 형제 동상
2. 전망대 사진
3. 금각교

기저기 주렁주렁 매달려 있다. 언제부터인지 관광지에서 흔히 볼 수 있는 익숙한 풍경이기도 하다. 녹슨 자물쇠가 흉물스럽게 느껴진다. 저 당시 사랑하는 연인들이 지금도 변함없이 행복하게 잘 지내고 있을까? 변하는 것이 사람의 마음인데 저렇게라도 사랑의 징표를 매달아 두려는 마음이 이해가 되면서 안타깝다. 여기에서 자물쇠를 파는 장사를 하면 돈은 벌겠다는 생각도 해 본다.

대부분의 러시아 사람들은 표정이 밝고 부드러우며 미소도 자연스럽다. 생활의 여유와는 다르게 그 사람의 내재된 성품도 중요하다고 본다. 자연스럽게 애정 표현을 잘 하는 것도 보기 좋고 아름답다.

중국 관광객들도 사진 촬영하는 것을 보면 다양한 포즈를 취한다. 한국 사람만이 무표정의 일렬횡대로 찍거나 그냥 'V'를 표시한다. ('V'의 의미는 평화와 승리로 나라마다 다르다.)

독수리 전망대 계단 밑에 기념품 가게가 있다. 한국 가이드북에 나와 있어서 한국 관광객들이 많이 찾는 것 같다. 한글 안내판도 있고 사장님이 친절하며 간단한 한국말을 한다.

이번 여행에서 경험한 것은 기념품은 사고 싶을 때 그때 사야 한다는 것이다. 아르바트 거리에 기념품 가게들이 많이 있는데 세일 폭도 크고 품목도 다양했다. 여행 초기라서 구입하면 짐이 될까 싶어 나중으로 미루었는데 정작 모스크바나 상트페테르부르크에서는 제대로 기념품을 구입하지 못했다.

전망대에서 게스트 하우스가 있는 아르바트 거리까지 걸어서 가려면 40분은 걸릴 것 같다. 검색해서 마을버스를 타고 10분 만에 도착해서 좋았다. 외국인 가족이 로컬 버스를 타는 것이 신기한지 친절하게 내릴 곳을 잘 알려 주었다. 지금까지 만나 본 러시아인들은 순박하고 친절해서 마음에 든다. 다른 나라들처럼 치근대거나 귀찮게 하지 않고 시끄럽지도 않다.

여행 TIP

1. 웬만한 거리는 걸어서 다닌다. 그러나 로컬 버스를 이용하는 것도 시간 절약과 더불어 좋은 경험이 된다.
2. 4명일 때는 택시를 이용하는 것이 경제적이고 편리하다.
3. 기념품은 사고 싶을 때 바로 구입하자. 다음으로 미루다 보면 원하는 것이 없을 때가 많다.
4. 자유 배낭여행은 바쁘게 몰아치는 패키지여행과는 다르니 여유를 가지면서 다니자.

3. 발해의 유적지가 있는 우수리스크

긴장에서부터 안도감을 지나 평온함이 좋다

블로그에 포스팅을 하고 내일 여행 계획을 점검하느라 1시 넘어 겨우 잠을 청했다. 몇 번 깨어나기를 반복하다가 새벽 4시가 안 되어 빗소리에 잠에서 깨었다.

'아, 이런 비가 내리는구나. 어쩌지?'

2층 침대에서 자고 있던 아내도 부스럭거린다. 몇 마디를 나누다가 다른 사람에게 피해를 줄 것 같아 카카오톡으로 메시지를 보냈다.

「하이. 비가 많이 와. 그냥 11시 기차를 탈까?」

「글쎄요. 어떻게 할까요?」

「아이들 피곤할 텐데 비 맞고 나가기가 그렇지? 실컷 자고 10시에 리셉션에 콜택시 불러 달라고 하자. 8시에 아침 먹고 천천히 가자. 어차피 우수리스크에도 비가 내릴 테니.」

이럴 때는 카카오톡이 편리하고 좋다는 생각을 했다.

어제 기분 좋게 예매한 아침 6시 45분 우수리스크 기차표 값이 아깝지만 비가 내리니 할 수 없는 일이다. 여행을 다니다 보면 예기치 않은 일들이 일어나기 마련이다.

혼자 여행 중이었다면 우비를 입고 길을 나섰겠지만 이틀 동안 많이 걸어서 곤하게 자는 아이들을 깨우기가 그랬다. 실컷 자게 두고 일어나서 천천히 아침 식사를 한 뒤 콜택시를 불러 10시 30분경에 블라디보스토크 로컬 기차역에 도착했다.

블라디보스토크에서 우수리스크로 가는 로컬 기차는 횡단 기차에 비해 1/4 가격이고 하루에 3번 운행을 한다. 2시간이 걸리니 현지 기차와 사람들도 경험할 겸 흔쾌히 로컬 기차를 타기로 했었다.

한국은 기차가 떠나기 전에 시간별로 차등 감액을 해서 환불이 가능하지만 기차가 출발하면 환불이 되지 않는다. 그래도 혹시나 싶은 마음에 매표소 직원에게 물었다.

"어제 예매를 해 놓고 못 탔는데 환불은 안 될까요?"

미소를 지으면서 조심스럽게 물어본다.

"환불은 안 되고 그냥 그 기차표로 타시면 됩니다."

"네? 진짜 이 기차표로 타면 되나요?"

신기하기도 하고 놀라서 몇 번이고 물으니 미소를 지으면서 괜찮다고 한다.

엄지를 척 올렸다.

"리얼리 오케? 스파시바. 다 스비다냐."

평소에 묻기를 잘하는 나는 가족들의 잘했다는 특급 칭찬에 한껏 어깨가 올라가고 광대가 승천했다.

"오늘 돈 벌었는데 우수리스크에 가서 맛있는 것 사 먹자."

기차 타는 곳이 1번 출구라고 해서 내려갔었는데 조금 전에 보았던 기차가 있다. 덩치도 크고 아무래도 로컬 기차가 아닌 것 같다. 사람에게 물으니 로컬 기차를 타는 곳은 육교로 다시 올라가서 부두 쪽에 철도가 따로 있다고 한다. 급한 마음에 바쁘게 무거운 트렁크를 끌고 계단을 오르내리면서 도착했다.

'아휴, 안 물어봤으면 기차 놓치고 큰일 날 뻔했네.'

로컬 기차가 우리나라 70년대의 기차처럼 생겨서 친근감이 생긴다. 승객들도 착하고 순박한 모습들이 정겹다. 호기심 가득한 얼굴로 힐끗힐끗 우리를 쳐다보다 눈이 마주치면 수줍은 미소를 띤다.

건너편에 앉은 아기 엄마는 우리에게 와서 뭐라고 이야기를 많이 하고 싶은 것 같은데 몇 마디를 이어 가지 못한다. 맞은편에 앉은 할아버지께서는 초코파이와 초콜릿을 드릴 때마다 가방에 넣으신다. 아마도 손주를 주실 모양이다. 긴 다리가 나올 때 손으로 가리키시며 뭐라고 설명을 해 주신다. 아이스크림과 수공예품도 판매하는 상인

들이 지나간다. 잠시 후 두 청년이 내 옆자리에 서서 아코디언에 맞추어 국민가요 '나타샤'를 부르기 시작한다. 이 곡은 러시아어를 공부할 때 불렀던 곡이다.

여행의 색다른 경험이다. 아코디언과 독창에 절로 박수가 나온다. 촬영한 동영상을 몇 번 다시 보았다. 아코디언은 추운 나라에 잘 어울리는 악기이다. 멜로디가 우리 정서에 맞다.

러시아에서 제일 유명한 초콜릿은 알룐까 초콜릿이다. 맛도 다양하고 종류도 여러 가지이며 특히 모델 아기가 귀엽다. 이 모델은 현재 50대 아줌마라고 한다. 다른 초콜릿도 종류도 다양하고 포장지도 예쁘다. 선택의 범위는 넓다.

대부분 여행자가 스쳐지나가는 우수리스크는 북한으로 들어가는 철도 분기점이다. 한인 동포가 현재 1만 명 이상 거주하고 있다고 한

다. 독립 운동이 활발했던 곳이면서 나에게는 발해의 유적지가 있는 곳이라서 꼭 와 보고 싶던 도시이다.

여행 오기 전에 발해에 관한 책도 여러 권 읽었고 속초에 있는 발해 박물관에도 가족 여행으로 다녀왔다.

블라디보스토크에서 비가 내려 늦게 출발했는데 다시 부슬부슬 비까지 내린다. 발해 성터와 절터는 멀고 정확한 위치도 모른다. 교통편도 마땅치 않아서 아쉬운 마음이 크지만 다음을 기약했다. 안 되는 것은 일찍 마음을 접는 것이 정신 건강에 좋다.

발해의 유적인 거북이 동상이 공원의 한쪽에 자리하고 있다. 1193년 거란과의 전쟁에서 승리한 장군을 기린 비석이라고 한다. 오랫동안 쓰다듬으면서 잊힌 나의 뿌리 발해를 생각했다.

일제 지배를 받던 암울한 시절이 있었다. 고국을 떠나 이곳에서 항일 운동을 하셨던 분들의 유적지를 둘러본다. 항일 독립 운동가 최재형 선생님께서 일본인에게 죽임을 당하기 전 몇 년을 사셨던 곳이다. 너무 허술하게 방치되어 마음이 아프다.

고려인 문화 센터에 가기 위해 지나가는 택시를 잡았다. 그런데 효준이가 스마트폰으로 검색하니 얼마 걸리지 않는 것 같다고 해서 우산을 들고 걸었다.

생각보다 멀다. 길 가는 사람에게 위치를 다섯 번 물었다. 마지막에는 할머니에게 물어서 다시 길을 나섰는데 그 할머니께서 우리가 저만큼 걸어가는 곳까지 따라 오셔서 이 길이 아니라고 다시 알려 주셨다. 이런 감사하고 고마울 때가.

30분은 넘게 걸어 비와 땀으로 범벅인 채 도착했다. 입장료를 지불

1. 발해의 유적인 거북이 동상
2. 1193년 거란과의 전쟁에서 승리한 장군을 기린 비석
3. 최재형 선생 생가 설명문
4. 안중근 의사 기념비
5. 우스리스크역 전경
6. 고려인 문화센터

6

러시아 정교회 성당

하고 영상으로 그 시대의 상황을 관람한 뒤 전시된 사진과 유품들을 자세히 살펴보았다.

의자 없이 서서 예배를 드리는 러시아 정교회 성당은 경건하고 엄숙하다. 러시아 사람들의 생활과 문화, 예술의 많은 부분을 차지하고 있다. 아름다운 외관과 더불어 내부 성화와 장식들도 눈길을 머물게 한다. 많은 사람들이 자주 이곳에 와서 마음의 위로를 받고 기도하며 평화를 얻는 것 같다.

700년 전 단테는 『제정론』에서 인간의 최종 목적은 '현세 행복'과 '영원한 구원'이라고 말했다. 바른 종교는 사람이 소풍처럼 잠시 다녀가는 세상을 살아가는 데 있어 필요한 것 같다.

마침 유아 세례식을 하고 있었다. 아기를 위해 마음으로 축복의 기도를 드렸다. 부모와 참석한 친지들의 얼굴에서 경건함이 느껴진다. 문득 효준이, 효은이가 유아 세례를 받던 기억이 났다. 갓난아기가 잘 자라 주어서 함께 긴 여행을 떠나온 것에 감사하다.

이제 본격적으로 시베리아 횡단 기차를 타고 우수리스크에서 울란우데로 간다. 기차는 하루에 세 편밖에 없었다. 한밤중인 1시 21분에 기차를 타야 한다. 대합실에서 지루하게 기다린다. 딱딱한 의자에 오랫동안 앉아 있기 불편해서 양말을 벗고 편하게 앉아 있으니 출근하는 직원이 양말을 신으라고 한다. 스마트폰을 충전하러 콘센트가 있는 곳에서 스트레칭을 하다가 창가 쪽 빈 공간에 앉아 있으니 이번에는 그곳에 앉지 말라고 한다.

1. 콜택시보다는 얀덱스 택시가 더 저렴하다.
2. 가까운 거리는 시베리아 횡단 기차보다 로컬 기차가 훨씬 저렴하다.
3. 시베리아 횡단 기차는 여권에 적힌 이름과 여권 번호를 일일 대조하며, 틀리면 탑승할 수 없다. 현지에서 환불도 안 되고 훨씬 비싸게 새로 구입해야 하지만 로컬 기차는 지난 차표로도 탑승할 수 있다.
4. 발해 유적지를 둘러보려면 처음부터 택시를 대절하는 것이 좋다. 단 이곳을 아는 택시 기사가 드물다. 제대로 된 지도가 없다.
5. 기차역 안쪽에 짐을 보관하는 방이 있다. 크기, 무게에 상관없이 개수에 따라 요금을 받는다.
6. 기차역 화장실 사용료는 한화로 600원이다. 세면도구를 가지고 가서 볼일을 보고 깨끗이 씻고 나오면 돈이 아까운 생각이 조금 덜 든다.
7. 블라디보스토크에서 우수리스크로 가는 로컬 기차는 시베리아 횡단 기차가 정차하는 플랫폼과 다르다. 육교를 넘어 부두 제일 안쪽으로 건너가야 한다. 플랫폼 1번이라도 같은 플랫폼 1번이 아니었다.

7월 23일 토요일 비 개고 또 비

게스트 하우스 ⇒ 블라디보스토크 콜택시 195루블
블라디보스토크 ⇒ 우수리스크 로컬 기차 760루블(1인 190루블)
기차 안에서 아이스크림 20루블
우수리스크 기차역 짐 보관 720루블
기차역 앞 푸트 코너에서 아침 식사 740루블
버스비 60루블. 고려인 문화센터 입장료 200루블(1인 50루블)
고려인 문화센터 ⇒ 우수리스크 택시 100루블
슈퍼마켓: 케밥 115루블, 보리 음료 45루블, 생수 10ℓ 150루블, 햄버거 100루블, 빵 55루블, 우유 55루블, 화장실 30루블

4. 첫 시베리아 횡단 기차를 타다

마음에 소원의 씨앗을 심으면 언젠가는 열매를 맺는다

7월 23일 우수리스크에서 107번 기차를 새벽 1시 40분에 탑승 후 3,992㎞를 62시간 48분(3박 3일) 동안 힘차게 달려 울란우데에 7월 26일 오후 2시 28분에 도착했다.

- 기차 요금은 3등실 기준 5,797루블 × 20원 = 115,940원(4명 = 463,760원)

  2등실 10,871루블 × 20원 = 217,420원(4명 = 869,680원)

고요한 적막이 흐르는 새벽 1시, 전광판에 2번 플랫폼으로 107번 기차가 들어온다고 뜬다. 피곤한 몸과 약간 긴장된 마음으로 무거운 캐리어를 끌고 카메라 가방을 맨 채 10분 전에 2번 플랫폼에 도착했다. 드디어 일반 기차보다 훨씬 덩치가 큰 시베리아 횡단 기차가 들어온다.

정차 시간은 15분이기 때문에 내릴 사람이 먼저 내리고 탈 사람은 자신이 탈 객차 앞에 있는 서 있는 승무원에게 기차표와 여권 한 장 한 장을 확인을 받은 후 기차에 오른다.

칠흑같이 어두운데 우리가 타고 갈 25번 객차가 보이지 않는다. 객차 번호가 창문 나무판에 적혀 걸려 있는데 어떤 객차에는 걸려 있고 어떤 객차에는 없다. 시간은 흘러가고 선로에 몇 사람이 남지 않았다. 급한 마음에 앞에 서 있는 승무원에게 티켓을 보여 주니 이 객차가 아니라면서 우선 타라고 재촉한다. 급하게 가족을 다 태우고 내가 제일 마지막으로 타니 기차는 기다렸다는 듯이 출발했다.

모두가 잠든 어둡고 좁은 통로의 3객차를 지나 승무원에게 티켓을 보여 주자 25번 객차가 맞는지 여권과 비교 검사한다. 우리의 자리에 도착하자 승무원이 미리 신청한 하얀 요, 이불, 베개 커버와 수건 한 장을 주면서 주의 사항을 알려 준다. 잠든 사람들의 수면에 방해될까 조심스럽게 4개의 매트리스와 이불, 베개 커버를 씌우고 간단하게 씻은 뒤 자리에 누웠다. 긴장감이 풀리며 이제야 시베리아 횡단 기차를 탔구나 하는 안도감이 피곤함과 함께 물밀듯 내 몸 안으로 들어온다.

우리 가족이 3박 3일 동안 먹고 자고 생활할 공간이다. 대구에서 서울까지 4시간 동안 기차를 타고 가면 지루하다. 그런데 62시간 48분이나 기차를 타는데도 그렇게 힘들다는 생각이 들지 않는다. 왜 그럴까? 침대칸이라서 그런가? 처음부터 마음을 그렇게 먹었기 때문에 그런 것일까?

기차 여행에서만 느껴지는 감성을 좋아한다. 시베리아 횡단 기차에서 하루를 보내고 있다. 그동안 많은 준비를 해서인지 어색하지도 낯설지도 않다. 하루를 같이 보낸 러시아 사람들에게 정감이 간다. 남에게 불편을 주지 않는 것은 일본 사람과 비슷하다.

창밖으로 보이는 여러 풍경들을 신기하게 본다. 아, 여기가 러시아로구나. 자작나무들이 나 잡아 봐라 하고 있다. 산은 보이지 않고 초록의 드넓은 평원을 지나가고 있다. 시베리아를 달리고 있음을 실감한다.

우리 가족은 4명이라서 딱 좋다. 위아래 침상을 모두 사용하기 때문이다. 맞은편의 좌석은 불편해 보인다. 낮에는 침대를 접어서 의자로 만들어야 하기 때문이다. 예약할 때 저 좌석은 될 수 있으면 안 하는 것이 좋겠다.

푹 자고 일어나니 기차는 빠르게 달리고 있는데 소음과 진동이 심하지 않아서 편안하다. 창문의 커튼을 젖히니 파란 하늘과 초록의 들판이 가득 펼쳐진다. 내가 좋아하는 자작나무들도 많이 보인다. 매일 사람들이 바뀌어 인사하고 그들의 일상을 보는 재미가 쏠쏠하다. 우리 가족이 3박 3일 동안 사용하는 객차 중간 테이블에는 생활하는 데 필요한 물건만 놓여 있다.

이곳은 자유로운 곳이다. 몸과 마음이 하고 싶은 것을 남에게 피해 주지 않는 범위 내에서 그냥 하면 된다. 원초적인 인간의 본성에 충실히 따른다. 푸른 초원을 지나가는데 보기만 해도 마음이 평화롭다.

1985년 대학 2학년 때 군 입대를 앞둔 10월 1일, 혼자서 기어 없는 일반 자전거를 타고 28일 동안 전국 일주를 했었다. 한계령을 힘들게 오르고 쉽게 내려오면서 앞으로 인생도 이러할 것이라 생각했다. 국회의사당 앞에서 인증 사진도 찍었다. 서해 변산반도 쪽에서 태어나고 처음으로 지평선을 보았다. 좁은 우리나라에도 이런 곳이 있구나

하면서 신기했던 기억이 난다. 러시아는 땅이 넓어서 지평선이 많이 보인다.

효준이, 효은이도 실컷 자고 일어나서 표정이 밝다. 아침 겸 점심을 먹을 시간이다. 식사 준비는 아이들이 한다. 열 종류의 전투 식량과 컵라면이 캐리어 하나에 가득하다. 겨울을 대비해 김장 김치와 연탄이 가득하면 든든한 것처럼 내 마음이 딱 그렇다. 전투 식량과 컵라면 맛이 색다르다.

철마는 달리고 싶다. 하지만 때로는 잘 멈추어야 한다. 하루에 정차하는 역이 많지 않다. 정차 시간표를 인쇄하여 왔기 때문에 시간표를 보고 긴 정차 시간에는 바깥으로 나가서 신선한 공기를 마신 뒤 간단한 체조와 스트레칭을 한다. 철도변에 파는 러시아 음식들은 아직은 익숙하지 않아서 다른 사람이 사는 것을 구경한다. 할머니가 말하고 행동하는 모습은 어느 나라나 비슷하다. 가끔 30분 정도 정차할 때는 역 바깥으로 나가 슈퍼마켓에 가서 먹거리를 사 가지고 온다.

　귀여운 8살 꼬마 미샤는 통로를 오고 가면서 우리를 신기하게 바라보더니 용감하게 나에게 와서 말을 걸었다. 장난도 걸기도 한다. 여러 가지 먹거리를 가져 와서 나눠 먹고 카드놀이도 했다. 의사소통이 제대로 안 될 때 답답하다고 짓는 표정이 귀엽다. 효준이, 효은이도 미샤가 오면 아빠 친구가 왔다고 반긴다. 러시아 회화 책으로 원어민의 발음을 듣는다. 미샤의 부모는 아들이 외국인과 친하게 지내는 모습이 보기 좋은지 흐뭇하게 미소를 짓는다. 사진을 여러 장 찍어서 보여 주니 마음에 든다며 이메일과 주소를 적어 주면서 꼭 보내 달라고 몇 번이고 부탁을 한다.

　쉼과 느림의 여유를 만끽한다. 시베리아 횡단 기차는 속도감이 꽤 있다. 그러나 기차 자체가 크고 넓어서인지 진동 소음이나 흔들림은 크지 않아서 지낼 만하다.

　기차에서는 흡연과 음주, 고성방가를 할 수 없다. 다른 블로그에서는 그런 사람들이 간혹 있어서 경찰이 연행한다고 하던데 우리 객차에서는 한 번도 그런 일이 없었다. 아침마다 승무원이 객차를 깨끗이

청소한다.

푸른 초원에 풀을 뜯고 있는 소와 양들이 평화롭다. 간간이 강과 계곡도 지나간다. 분명 같은 시간인데 느끼는 사람에 따라 속도감은 다르다. 나는 지금 이 시간에 만족하며 즐기고 있다.

여행 TIP

1. 기차역 전광판에 적히는 플랫폼 번호를 잘 살피고, 기차에 오를 때는 객차 번호를 확인하고 없을 때는 눈치껏 잘 알아서 타야 한다.
2. 먹거리와 놀 거리를 준비하면 기차 생활이 훨씬 즐겁다.
3. 승무원과 승객들에게 환한 미소로 인사하면서 부담 없이 편하게 잘 지내자.

7월 24일 일요일 맑음

하바로스키 역 슈퍼마켓 250루블
효준, 효은 용돈 2,200루블
아이스크림 40루블, 크로켓 40루블

첫째 주 총계 405,271원

누군가의 수고로 나는 편하게 기차 여행을 즐긴다

수많은 사람들의 인생과 사연을 싣고서 반질하게 윤이 난 철도 위로 얼마나 많은 기차들이 달렸을까? 기차 안에서 시간을 보내는 모습들을 가만히 바라보는 것도 시간 보내기 좋은 방법이다. 생김새가 다른 만큼 사람마다 행동도 다르다. 미소가 절로 난다. 그래서 여기는 시베리아 횡단 기차 안이다.

기차 안에서 그나마 편하게 생활하려면 승무원들과 친하게 지내야 한다. 칸마다 두 사람이 12시간씩 교대 근무를 하는데 절대 권력이

다차

다. 난 밝은 인사와 초코파이 2개로 그들의 미소와 친절함을 얻었다. 사진도 원하는 곳에서 큰 제재 없이 촬영할 수 있었다.

　　헤어짐은 아쉬움이다. 잠시라도 더 얼굴을 보고 싶어서 몸을 세운다. 눈에 서 사라질 때까지 하염없이 손을 흔든다. 그리움은 때로는 성숙함을 체득하 게 한다. 그리움은 어떤 것으로도 옅어질 수는 없다. 견디면서 감내할 수밖 에……

추운 겨울밤에 야간 행군을 할 때 노란 불빛을 밝히면서 달려가는 기차를 보았다. 그 불빛이 그렇게 따뜻하게 느껴질 수가 없었다. 저 기 차를 타고 밤새도록 달리면 얼마나 좋을까 하는 생각이 절로 났었다.

30년이 훨씬 지난 오늘, 나는 시베리아 횡단 기차를 타고 밤새 달리 고 있다. 놀라운 일이다. 그러고 보니 오래전에 '하고 싶다.'라고 생각 했던 일들이 이루어진 경우가 많았다. 마음에 소원의 씨앗을 심으면 언젠가는 결실을 보게 되는 것 같다.

달리는 기차 창밖으로 펼쳐지는 러시아의 시골 풍광이 정겹게 다가 온다. 대부분의 가정은 '다차'라는 텃밭이 있는 전원주택을 가지고 있 는데 국가에서 무상으로 준다고 한다. 다차를 실제로 보면서 나에게 도 저런 게 있으면 참 좋겠다는 생각을 해 본다. 언젠가 제주도에 바 다가 보이고 오름이 가까이 있는 곳에 전원주택을 짓고 살고 싶다.

노을이 아름다운 저녁이다. 퇴근하는 아저씨의 모습이 눈에 띈다. 고단한 하루의 일과를 마치고 사랑하는 가족이 있는 따뜻한 집으로 가는 발걸음이 행복해 보인다. 자작나무를 보면 그냥 보는 것만으로 좋다. 가까이하기엔 너무 먼, 좋아하는 사람을 그냥 바라만 보아도 좋 은 것처럼……. 겨울에 더욱 잘 어울리는 자작나무 숲이 마음을 더

욱 평온하게 한다. 내가 즐겨 오르는 고성산에도 자작나무가 있다.

제복이 주는 의미와 바라보는 느낌은 어떤 것일까? 아마 소속감과 자부심, 일체감이 아닐까 생각한다. 친해진 승무원이 철도청 유니폼을 가져와서 입어 보면 기념이 될 거라면서 입혀 준다. 일반적으로 무섭다는 선입관이 있었던 승무원의 친절로 나의 얼굴에 미소가 가득해진다. 스마트폰에 저장된 가족사진들을 보여 주기도 했다.

여행기에서 러시아 말을 알아듣든 말든 실수하면 크게 호통치고 한번 찍히면 기차 생활 내내 고달프다고 적혀 있는 것을 읽었다. 그러나 늘 예외는 있는 것이 세상살이다. 잠시 정차하는 기차역에서 내리지는 못해도 좋은 풍경이 나오면 사진을 찍으라고 배려해 준다.

오랜 세월 동안 누군가의 수고로움으로 시베리아 횡단 철도가 건설되었다. 지금은 기관사와 승무원 덕분으로 기차 여행을 편하게 즐기고 있다. 그렇다. 내가 먹고, 자고, 입는 평범한 일상의 행위가 누군가의 땀과 애씀의 결과임을 생각하며 감사해한다. 현재 살아가고 있는 이 순간도 그 분들의 노고를 생각하면 헛되이 살아서는 안 되고 열심히 살아야 한다. 또한 나도 다른 사람에게 도움이 되는 그런 삶을 살아야 한다.

동쪽에서 서쪽으로 이동하면서 창밖의 풍경이 조금씩 달라지고 있다. 넓게 펼쳐진 초원 위에 소와 양들이 한가롭게 풀을 뜯고 있다. 춥고 기나긴 혹한의 추위를 견디어 낸 지금 저들은 행복하리라. 생명이 다하는 그날까지만이라도 자유를 만끽하기를 바란다.

나는 길을 걷고 보는 것을 좋아한다. 곧은길도 있고, 굽은 길도 있다. 때로는 사고가 나서 기다려야 하는 길도 있다. 우리의 인생길처럼……

하루를 구성하고 있는 다양한 시간들 가운데서 건너편 좌석의 러시아인들을 관찰하는 것도 흥미롭다. 버거워할 만큼 커다란 여행 가방을 들고 오른 엄마와 아들. 깨어 있을 때의 소음 메이커이자 개구쟁이인 아들이 잠든 시간에 비로소 엄마의 시간을 가진다.

3등실의 북적임과 달리 2등실 통로는 조용하여 삭막해 보인다. 기차를 예약할 때 2등실과 3등실의 장단점을 두고 오랫동안 고민한 이유가 러시아라도 한여름, 한낮에는 덥다고 하는데 3등실에는 에어컨이 없다는 것이었다. 결론적으로 3등실 선택이 잘한 선택이었다. 컴파트먼트의 밀폐된 4인실의 2등실보다 개방형의 3등실이 좋다. 하루 종일 같은 공간에서 생활하다 보면 사람들과 친근하게 이야기를 나눌 수 있다. 위 칸은 조그마한 창문을 열 수 있어서 시원한 바람이 들어오고, 아침저녁으로는 추워서 모포를 덮는다.

러시아인들은 차를 즐겨 마신다. 마트의 진열장에는 많은 종류의 다양한 차들이 있다. 덕분에 따라쟁이가 되어 커피 대신에 차를 자주 마시게 된다.

기차 안에서 무료함을 달래고 영양 보충도 하기 위해서 해바라기씨를 많이 먹었다. 껍질을 까는 것이 번거롭지만 어릴 때 호박씨를 까먹는 기분으로 재미있다. 20분 쉬는 정차 역에서 매점에 가니 이번에는 구운 닭다리가 반갑게 자리를 차지하고 있어 구입하였다. 오랜만에 닭고기를 먹는다. 러시아의 구운 닭다리의 맛은 어떨까? 미샤가 가져다 준 짭조름한 향신료에 찍어 먹으니 맛이 배가된다. 효준이, 효

은이, 미샤가 미소를 지으며 엄지를 척 올린다.

불편함을 불편함으로 생각하지 않으면 그것은 불편함이 아니라 새로운 경험이 된다.

세면대에는 마개가 없다. 세수를 하는 동안 한 손으로 손잡이를 계속 눌러야 하는 불편함이 있다고 해서 골프공을 가지고 왔다. 안성맞춤이다. 물을 받아 놓고 세수를 할 수 있다. 불편함은 새로운 발견을 하게 하는 단초가 된다. 필요는 발명의 어머니다. 정차할 때 바깥에 나와서 드라이 샴푸를 처음 사용해 보았다. 처음 생각과 달리 막상 사용해 보니 신기하게도 찝찝함이 사라지는 시원함이 있다. 잘 씻지 못하는 시베리아 횡단 기차에서는 필수품이다. 또 하나의 선입견을 극복했다.

그리고 항상 뜨거운 물을 공급하는 온수기도 있다. 컵라면과 전투식량을 데워서 먹고 수시로 차를 마실 수 있기 때문에 보기는 투박해도 꼭 필요한 존재이다. 나의 삶도 이렇게 누군가에게 꼭 필요한 존재가 되고 싶다.

전자레인지도 있는데 승무원에게 부탁하면 음식을 데워 준다.

어제는 하루 종일 비가 내리고 흐린 날씨였다. 오늘은 유난히 하늘이 높고 파랗다. 인생도 이와 같지 아니한가? 그래서 '인생사 새옹지마'라고 사람들은 흔히 말한다. 순간에 감정이 휘둘릴 필요가 없다. 모든 일들이 마음먹기에 달렸다.

일체유심조. (나의 블로그의 닉네임이다.)

십자수를 열심히 하는 아주머니에게 아름답다고 칭찬을 하니 함박웃음을 지으며 우리 자리로 와서 작품을 보여 주신다. 같은 칸에 있는 모든 사람들의 눈과 행동에서 우리 가족에 대한 궁금함과 호의를 느낄 수가 있다. 간혹 말을 건네면 기다렸다는 듯이 반갑게 대답을 한다.

때로는 복도에 있으면 어렵게 말을 건네기도 한다.

여행 오기 2주일 전에 가족 모두 색깔만 다른 아이폰을 구입했다. 기존에 사용하던 폴더 폰도 아내와 같은 기종이며 색깔만 달랐다. 나와 아내는 처음 사용하는 스마트폰이라서 신세계를 접한 듯 사용 방법을 아이들에게 배운다. 신기하고 재미있다. 뭐든지 재미있으면 빨리 배우게 된다.

우리가 살아가는 일상도 이렇게 신나고 재미있으면 좋겠다. 64G의 넉넉한 용량이라서 많은 것을 담을 수 있어서 좋다. 우선 사진을 원하는 대로 찍어 저장을 한다.

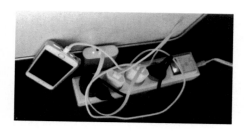

스마트폰을 사용하니 배터리의 소모가 생각보다 빠르다. 시골 길을 달리다 보니 인터넷이 안 되고 가끔 잠시 정차하는 역에서 인터넷망을 찾느라 많은 전력이 소모된다. 객차 안에 충전하는 데가 앞뒤 한 군데밖에 없다. 준비한 여러 구의 긴 선을 유용하게 사용한다. 사람들에게 감사 인사를 듣는다.

울란우데에 도착했다. 3박 3일 동안의 장거리 기차 여행에 대한 우리 가족의 결론은 힘들지 않았고 탈 만했다는 것이다.

내년 여름 방학에는 미국 대륙 횡단 기차 여행을 할 계획이다. 암트랙(Amtrack, America+Track) 또는 'USA 레일 패스'라고 한다. 태평양과 대서양을 연결하는 첫 대륙 횡단 기차는 6년간의 공사로 1869년에 완공

되었다. 캐나다 몬트리올과 밴쿠버까지 연결된다고 하니 더욱 기대가 된다.

또 다시 내 가슴이 뛰며 설렌다. 어떻게 여행할 것인가 생각만 해도 기분이 좋아진다. 미국을 여행하면서 행복해하는 내 얼굴을 떠올리면 미소가 절로 난다.

7월 25일 월요일 맑음

빵 100루블, 해바라기 씨 30루블, 닭다리 200루블
소시지 160루블, 환타 90루블

5. 한국인을 닮은 울란우데 사람들의 친절

뜻밖의 친절은 여행자에게 감동으로 다가온다. 그것도 낯선 외국의 초행길에서는 고마운 마음이 배가된다. 오늘 친절을 베푼 두 사람으로 인해 울란우데는 오랫동안 좋은 기억으로 남아 있을 것이다.

첫 번째, 호스텔을 기차역에서 약 1.5㎞ 떨어진 중심가에 예약을 했다. 역 앞에서 택시 기사들이 부르는 요금이 생각보다 비싸서 걸어가기로 했다. 그러나 높고 울퉁불퉁한 긴 육교를 오르내리면서 힘들어 지쳐 가고 있었다. 가족이 마트에서 먹거리를 구입하는 동안 택시를 잡으려고 했으나 한 대도 지나가지 않았다.

마침 마트에 도착한 아주머니에게 다시 호스텔의 위치를 물었는데 흔쾌히 태워 준다고 하신다. 네 명이고 짐이 많다고 말하니 미소 지으며 괜찮단다. 그러나 주소대로 호스텔에 도착했으나 검은 철문은 굳게 잠겨 있었고 전화도 받지 않았다. 주위 사람들에게 여러 차례 물어 건물에 사는 듯한 아저씨의 인도로 빌딩 앞문의 호스텔을 찾을 수 있었다. 그곳은 커다란 건물의 뒷문이었던 것이다. 기차역에서는 누구라도 이렇게 올 수밖에 없었을 것이다.

만약에 친절한 아주머니가 없었다면 혹 그냥 택시를 탔더라면 많이 당황했을 상황이었다. 감사한 마음에 200루블을 드리니 한사코 사양하시다가 100루블만 기쁘게 받으신다.

두 번째, 우리는 내일 아침 7시 30분에 국제 버스를 타고 12시간을 달려 몽골 수도인 울란바토르에 가야 한다. 예약하러 버스 터미널을 찾아 가는 중에 한 아가씨를 만났다. 터미널을 찾아 걸으면서 길을 물은 다섯 명은 의사소통이 거의 불가했었는데 영어가 유창한 아가씨를 만났다. 미국인 남자 친구가 지금 아파서 병원에 가는 길이라고 했다. 병원에 갔다가 도움을 줄 수 있는데 괜찮겠냐고 묻는다. 덕분에 러시아 병원 구경 잘 했다.

그런데 버스 터미널에 가니 국제 버스표가 매진이라고 한다. 이럴 수가 당연히 있다고 생각했었는데……. 내일 꼭 가야 한다고 하니 매표소 직원에게 물어서 국경까지 가는 방법과 국경에서 울란바토르로 가는 방법까지 자세하게 설명해 주었다.

버스 터미널에는 20인승 버스들이 목적지 팻말 앞에 대기하고 있다. 운전기사와 의사소통을 하는데 이번 학기 동안 러시아어 강의를 수강한 효준이, 효은이가—잘하지는 못하지만—그래도 조금은 도움이 되는 것 같다.

배낭여행자들의 쉼터인 게스트 하우스에는 세계 각국의 여행자들이 모여들었다. 모두에게 기분 좋게 반가운 인사를 건넨다. 나이 든 커플들도 보기가 좋다. 한 커플의 엄청난 무게의 배낭을 들어 보고 '스트롱 맨'이라고 엄지를 척 들어 본다. 예전에 내가 세계 여행을 할

1. 게스트하우스 응접실
2. 게스트하우스 내부
3. 게스트하우스 주방
4. 러시아 병원 내부

때 사람들이 나에게 그랬던 것처럼.

가족들도 게스트 하우스의 생활이 익숙해진 듯하다. 각자 배낭의 짐을 자기 침대에서 정리하고 샤워를 했다. 그리고 냉장고에 넣어 둔 먹거리를 꺼내어 요리를 하기 시작한다. 식탁 주위에 빼곡히 적혀 있는 메모를 읽으면서 미소를 짓는다.

메모의 공통점은 에너지가 넘치는 여행을 즐기고 있다는 것이다. 모래알 씹는 것처럼 할 수 없이 힘겹게 사는 일상생활이 아니다. 여행자들이 열린 마음으로 지금 하고 있는 여행을 진심으로 즐기는 것이 느껴진다. 한결같이 열정이 넘치는 글들을 읽으면서 힘을 얻는다. 필요한 만큼의 배낭을 짊어지고 떠나야 할 때를 알고 하루하루를 감사하는 생활이 우리 가족의 배낭여행 모습이다.

3박 3일 동안 시베리아 기차 안에서 전투 식량과 컵라면을 주로 먹었다. 맛난 음식을 먹고 싶었다. 해외여행을 하다 보면 제일 만만한 것이 중화요리와 패스트푸드이다. 맛집을 검색하여 우리 입맛에 맞는 중국집을 찾았다.

오랜만에 제대로 된 식당에서 식사를 한다. 육즙이 입 안에 가득 고이는 딤섬과 만두가 따뜻하고 맛나다. 쫀득한 찹쌀 탕수육도 입을 즐겁게 한다. 잡채는 생각보다 딱딱하고 별로였다. 달달한 자장면과 얼큰한 짬뽕이 있었다면 더욱 좋았을 텐데 하는 아쉬움은 조금 있었지만 만족한다.

부랴트 자치 공화국의 수도인 울란우데는 1666년에 형성되었으며 몽골로의 분기점이다. 지금까지의 러시아와는 또 다른 모습이다. 거리와 건물은 블라디보스토크와 비슷한데 사람의 생김새가 동양인의 얼

1. 거리에 있는 동상의 모습
2. 울란우데 보행자 거리
3. 오페라 발레 극장
4. 레닌 청동 두상
5. 보행자 거리에서 이루어지는 버스킹 공연

굴이라 뭔가 어색하면서도 정겹다. 40만 명의 인구가 사는 울란우데 중심 지역은 생각보다 작아서 걸으며 다 볼 수 있다. 공산주의 시대가 물씬 풍기는 관공서가 많은 중앙 광장을 지나오면 또 다른 활기로 가득한 보행자의 도로를 만날 수 있다. 아르바트 거리와는 다르게 느껴지는 이국적인 분위기다. 길 건너편에는 19세기의 상업 지구인 오래된 목조 건물들을 많이 볼 수 있다.

스탈린 시대에 만들었다는 오페라 발레 극장은 멋지고 아름답다. 2011년에 재개관을 하였다. 공연장의 내부가 아름답다고 하는데 보지 못해서 조금 아쉽다. 수백만 명의 고귀한 생명을 죽음으로 몰아넣은 독재자 스탈린은 양면의 얼굴을 가진 사람이다.

저녁 무렵이라서 많은 시민들이 휴식을 취하는 모습이 평화롭다. 때마침 경쾌한 음악에 맞추어 분수가 춤을 춘다. 우리의 여정을 환영하는 것처럼 느껴졌다.

러시아 사람들은 아직도 레닌을 좋아하고 있을까? 기차역 앞에서 레닌 동상을 많이 볼 수 있었다. 러시아 전역에 700여 개가 있다고 한다. 중앙 광장에는 세계에서 제일 큰 레닌의 두상이 있다. 1970년 레닌의 100번째 생일을 축하하기 위해 만든 7.7m 높이의 청동상이다. 그런데 이상하게도 대부분의 동상 위에는 새들이 있고 분비물로 흉측하게 얼룩덜룩한데 이 두상에는 없었다. 새들이 위대한 인물에 경의를 표한다고 설명하지만 사실 새들을 쫓기 위한 설치물이 있다고 한다. 그럼 다른 동상에도 설치를 하면 안 될까? 우리나라 세종대왕, 이순신 장군 동상에도 설치하면 좋겠다. (이 두상을 배경으로 재미있게 찍은 사진들을 호스텔에서 보았다.)

내일은 계획한 국제 버스표가 매진이라서 우리끼리 국경을 넘어야 한다. 여행을 하다 보면 예기치 않은 변수가 생겨서 색다른 경험을 하기도 한다. 이런 것이 자유 여행의 매력이며 장점이 된다. 내일은 어떤 일이 일어날지 기대된다.

새벽 2시까지 국경 통과 방법을 검색하다가 잠을 청해 본다. 5시에는 일어나야 하는데 2층 침대 위층 중국인 아저씨의 코골이가 심해서 잠을 이루기가 힘들었다. 다음 날 아침 주방에서 한 방을 사용한 프랑스 아저씨와 웃으면서 잠 못 이루는 밤을 보냈다며 공감했다. 그런데 그 아저씨를 울란바토르 칭기즈칸 광장에서 반갑게 다시 만났다. 다른 커플이 한 침대에 누워 소곤대는 소리도 신경이 쓰였었다. 이번 여행에서 처음이자 마지막으로 8인실의 도미토리룸을 사용한 경험이다.

여행 TIP

1. 울란우데에서는 이상하게 택시가 보이지 않는다. 기차역에서 흥정을 잘하여 택시를 타는 것이 좋을 듯하다.
2. 국제 버스로 몽골까지 가기를 원하면 되도록 일찍 예매를 하는 것이 좋다. 기차는 24~36시간, 버스는 12시간 걸린다.

숙소: Ulan-Ude Travelers House Hostel

8인실 기준 1박에 2,600루블(46,808원)로 1인당 650루블. 8인실 방이 2개 있다. 아침은 빵과 시리얼, 우유가 제공된다. 세계 각국 배낭여행자들이 많이 숙박한다. 울란우데 역에서 차로 10분 거리인데 찾기가 어려웠다. 중앙 광장과는 걸어서 5분 거리로 가깝다.

7월 26일 화요일 맑음

슈퍼마켓 293루블
호스텔까지 데려다준 친절한 아주머니 100루블
중국 식당에서 점심 식사 840루블

4

육로로
몽골을 가다

1. 러시아 국경과 몽골 국경을 통과하여 초원을 달리다

뜻밖의 만남과 도움의 손길이 여행을 풍성하게 한다

언제부터인가 크게 걱정을 하지 않게 된다. 걱정한다고 안 될 일이 되고, 될 일이 안 되는 경우가 별로 없음을 경험으로 안다.

지금까지 여러 사람으로부터 크고 작은 도움을 받아서 즐겁고 건강하게 잘 다니고 있다. 혼자 계획하고 준비한 여행길에 뜻밖의 도움의 손길들이 반갑고 따뜻하게 느껴진다. 그중에서도 러시아 국경으로 가는 버스에서 만난 고려인 부부의 도움이 오랫동안 가슴에 남을 것 같다.

쫙 가라앉은 아침 풍경은 어디나 비슷하다고 느끼면서 7시경에 울란우데로 가는 시외버스 터미널에 도착했다. 혹시나 빈 좌석이 있나 해서 창구에 물었더니 역시나 없단다. 여러 지역으로 가는 20인승 버스들이 10여 대 정차되어 있다. 이른 아침이라 아직 잠에서 덜 깬 모습들이 부스스하다.

울란우데 시외버스 터미널

　국경 근처 마을까지 가는 20인승 버스에 마주 보며 비좁게 탔다. 근방에 도착하면 거기서 차를 타고 러시아 국경을 넘어 몽골 국경을 통과 후 수소문해서 울란바토르로 가는 것이 차선의 방법이다.

　미니버스에는 러시아 사람, 몽골 사람, 관광객들과 짐으로 가득하다. 출발하고 건너편에 앉은—한비야 씨를 닮은—아주머니에게 목 베개를 드리니 편하고 좋다고 웃으신다. 옆에 앉아 있던 아저씨께서 물었다.

　"한국에서 오셨어요?"

1. 러시아 국경 모습
2. 러시아 국경 검색대
3. 러시아 국경 주변 풍경
4. 러시아 국경 가기 전 휴게소에서

"네, 반갑습니다. 어떻게 한국말을 하실 줄 아세요?"

"저 고려 사람입니다. 서울에서 몇 년을 살았습니다."

이렇게 대화가 시작되었다.

한국에서 오게 되는 경로를 비롯하여 이런저런 이야기와 궁금했던 질문, 대답이 계속 이어졌다. 남대문 시장에서 몇 년간 옷가게를 하고 몽골에서는 산파로 일한다는 고려인 부부를 만난 것이다. 그들은 우리에게 호의적이었고 친절했다.

6시간을 달려 국경 마을에 내렸다. 아저씨가 어디서 승용차를 구해 우리 가족과 함께 탑승하여 국경에 도착했다. 주위 분위기를 보니 국경에 왔다는 것이 실감났다. 이곳에서 고려인 부부는 다른 사람들과 함께 국경을 넘어야 된다고 하시면서 국경을 통과하려고 기다리고 있는 몇 명의 운전자들과 이야기를 하더니 울란바토르까지 가는 할아버지의 승합차를 소개해 주셨다.

'이렇게 감사하고 고마울 수가······.'

고려인 아저씨를 만나지 않았다면 배낭을 메고 캐리어를 끌고 걸어가 러시아 검문소의 절차를 밟았을 것이다. 그리고 역시 한참을 걸어서 몽골 국경을 넘었을 것이다.

전화번호를 주고받으며 한국에 오면 꼭 연락을 하시라고 손을 잡은 채 굳게 말씀을 드렸다. 아저씨 역시 건강하고 즐겁게 여행 잘 하시라고 몇 번이고 말씀하셨다. 할아버지께서는 우리가 지불한 선불로 기름을 넣으시고 기분이 좋으셨다.

국경을 통과하는 일에는 번거로운 수속 절차와 까다로운 짐 검사가 이루어진다. 차에서 트렁크를 다 꺼내어 안을 보여야 하며 검색대를

통과해야 한다. 특히 이곳은 러시아와 몽골이 아닌가? 짜증보다는 당
연하게 받아들여야 한다.

　보통 국경을 통과하는 데 3시간 이상은 걸린다고 한다. 우리는 몽
골 할아버지의 도움으로 1시간 30분 만에 통과할 수 있었다.

　점심 식사 시간이 훨씬 넘었다. 의사소통이 되지 않는 몽골 식당에
도착했다. 마침 신기하게도 고려인 아저씨 여동생으로부터 전화가 와
서 4자 전화 통화로 음식을 주문하게 되었다. 차를 주문하라기에 네
잔을 주문했더니 커다란 맥주잔에 뜨거운 립톤 티백을 담가서 가져

왔다. 뜨거운 한낮에는 아이스티가 좋은데 몽골 사람도 중국 사람처럼 이열치열로 뜨거운 차를 마시는가 보다. 한국식 김치찌개를 비롯해서 우리 입맛에 맞는 요리로 맛나게 잘 먹었다. 울란바토르 호스텔에는 밤에 도착했는데 그때 안 먹었더라면 배가 많이 고팠을 것이다.

노부부는 우리에게 양해도 구하지 않고 러시아에서 구입한 물품을 몇 군데 배달했다. 잘 달리던 도로를 이탈하여 한참을 달린 할아버지는 아들 집에 도착했다. 무더운 날씨에 에어컨이 안 되는 차 안에서 20여 분을 기다렸다. 이상한 소리가 들려서 소리 나는 곳으로 가니 아주 큰 풀벌레들이 내는 소리였다.

이번에도 역시 아무런 말도 없이 30대 아들과 5살 미만의 손자 2명을 태운다. 덕분에 가운데 앉은 나의 엉덩이는 고생을 했다. 꼬마가 먹던 요거트를 쏟아 카메라 가방과 바지에 얼룩이 졌다. 그런데 미안하다는 말이 없다.

할아버지는 개인적인 볼일을 다 보신 듯하다. 계속 태우는 담배 연기에 아내는 손수건으로 입을 막는다. 2ℓ 콜라를 연신 마시면서 낡은 봉고차는 초원을 달린다.

몽골 음악을 들으면서 초원 가운데 달리는 기분이 좋다. 여기가 몽골이구나 하고 실감이 난다. 지평선이 보이는 초원 위에 게르와 자동차, 몽골 말과 오토바이, 청년들이 보인다. 전통과 현재가 어우러져 공존한다.

몽골에도 산이 있었다. 당연한 일인데 초원 위 아련하게 보이는 산이 신기루처럼 신비롭게 다가온다. 빽빽하고 울창한 나무숲은 바위가 아닌 초원의 산, 거대한 왕릉처럼 생겼다.

초원

바람

말

하늘과 길

연을 줄에 매달아 해맑게 깔깔 소리를 내며 웃는 아이들이 즐겁게 초원 여기저기 뛰어다닌다. 어릴 때 나의 모습을 발견한다.

끝이 안 보이는 초원 가운데의 도로를 질주하시던 할아버지께서 갑자기 아스팔트를 벗으나 초원으로 달리기 시작하신다.

'이번에는 무슨 일?'

어느 게르 앞에 멈추셨다. 하얀 게르 옆에 앉아 있던 인상 좋은 아저씨가 우리를 반긴다. 지붕 위에 태양열 판이 있는 것이 의외이면서 이채롭다. 이곳의 태양 볕은 뜨거워서 많은 에너지가 모일 것이라는 생각이 들었다.

덕분에 게르에서 생활하는 현지인 가족들을 만나 30분가량 머물렀다. 수태차도 맛보았는데 내가 생각했던 맛은 아니었다. 버스를 타고 이곳을 지났더라면 이런 경험은 하지 못했을 것이다. 예기치 못한 특별한 경험을 하는 것이 자유 배낭여행의 장점이자 매력이다.

"원숭이 엉덩이는 빨개. 빨가면 사과, 사과는 맛있어. 맛있는 것은 바나나, 바나나는 길어. 길면 기차."

몽골 기차는 길고 길었다. 건널목에 정차하는 중에 헤아려 보니 28량이나 된다. 곡선 철도를 굽이쳐 달리는 모습이 초원의 배경으로 운치가 있다.

기차의 덜컹임과는 또 다른 자동차의 진동을 온몸으로 고스란히

느낀 날이었다. 아침 6시 30분에 호스텔을 나와 미니버스를 타고, 러시아 국경을 출국하고, 몽골을 입국하는 기나긴 하루였다. 울란바토르에 중심가에 있는 호스텔에 도착했을 때는 밤 10시 30분이 지나고 있었다.

프론트에는 아무도 없다. 벨을 누르고 한참을 기다려도 아무도 오지 않는다. 예약을 하지 않고 온 대만 배낭여행자들은 기다리다가 다른 곳을 간다. (1시간 전부터 정확한 위치를 묻기 위해 전화를 했었는데 아무도 받지 않

있다.) 로비에 캐리어와 배낭을 놓아두고 버거킹에서 늦은 저녁 식사를
했다.

예약한 방에 들어와 짐을 정리하고 뜨거운 물로 샤워를 하고 나니
개운하다. 이번 여행의 보너스인 몽골 울란바토르에 무사히 도착했다
는 사실에 기분 좋아진다.

4인실이라 우리 가족만 있어 몸과 마음을 자유롭게 편하게 있을 수
있어서 좋다.

여행 TIP

울란우데에서 울란바토르 가는 국제 버스는 하루에 한 대뿐이고 오전 7시 30분에 출발
한다. 미리 예매를 하자. 좌석이 없고 시간적 여유가 되면 다음 날 버스를 타고 가자. 미니
버스는 여러모로 불편하고 시간이 많이 걸린다. 국제 기차는 24시간 걸리고 완행 기차
는 36시간이 걸린다.

7월 27일 수요일 맑고 더움

호스텔 ⇒ 버스 터미널 택시 200루블
러시아 국경까지 20인 버스 1,600루블
국경 마을에서 국경까지 택시 200루블
국경에서 울란바토르 호스텔까지 12인승 3,600루블
국경에서 환전 3,000루블 = 94,500투그릭
몽골 레스토랑 점심 34,400투그릭, 양고기 튀김 만두 3,200투그릭
버거킹 저녁 식사 34,000투그릭

2. 몽골의 수도 울란바토르

때로는 쉬는 것도 중요하다

습관대로 일찍 잠에서 깨었다. 효은이가 약간의 몸살 기운이 있다. 어제 하루 종일 불편한 승합차 뒷좌석에 타고 와서 피곤한가 보다. 하긴, 어제 무리하기는 했다. 아내와 효준이도 아침 식사를 거르겠다고 하며 일어나지 못했다.

로비 한쪽에 아메리칸 스타일로 여러 가지 메뉴가 뷔페처럼 차려져 있다. 효은이에게 따뜻한 꿀물을 타서 먹이고 빵과 비스킷을 놓아두었다.

그리고 혼자 식사를 하려고 하는데 어제 늦은 밤에 인사를 나누었던—레게 머리를 하고 몸에 문신이 가득한—남자가 반갑게 아는 척을 하며 같이 아침 식사를 해도 괜찮겠는지 묻는다. 스페인에서 온 임마누엘이며 자전거로 여행 중이라고 했다. 나도 자전거 여행 경험이 있었고 스페인을 여행했었기에 공통 관심사로 대화가 이어진다. 건강에 좋고 배를 편안하게 해 주는 좋은 차를 주겠다고 자기 방에 가더니 우리나라 보리차 티백을 가져다주었다.

'아니, 이럴 수가!'

이것은 한국 것이고 이게 한글이라고 알려 주니 놀란 눈을 크게 뜨며 웃는다. 역시 홍차보다는 보리차가 속을 편하게 한다. 나는 맥심 커피 믹스를 주었다. 뜨거운 물에 타서 오더니 마지막 조금 남은 커피는 그냥 씹어 먹는다.

가족들은 오전에 편히 푹 쉬게 하고 혼자 나가야 할 것 같다. 울란바토르에서 제일 중요한 일은 몽골 횡단 기차 티켓을 찾는 일이다. 시베리아 횡단 기차는 인터넷으로 예매를 하고 E-티켓을 출력해서 왔다. 몽골 횡단 기차는 몽골 철도청 홈페이지를 수십 번 클릭하였지만 불가능하여 결국 영국 여행사를 통하여 예매는 하였다. 그런데 E-티켓이 없다고 하면서 사무실에 와서 찾아 가라고 이메일이 왔다. 호스텔 매니저에게 울란바토르 시내 지도를 받아서 여행사 주소를 말하고 위치를 알려 달라고 했다.

도착하고 보니 여행사가 입주한 건물이 보이지 않는다.

'이상하다. 분명 이곳이 맞는데.'

순간 불길한 생각이 들었다. 길 가는 사람에게 물어보니 다른 거리라고 한다. 똑같은 이름의 거리가 다른 곳에 있었던 것이다. 다시 물어 그 거리에 도착하여 그 빌딩에 찾아가니 이번에는 여행사가 다른 곳으로 이사를 갔다고 한다. 아이구, 이럴 수가! 전혀 예상하지 못했던 일이 벌어지고 있다. 길 가는 몇 사람에게 물었으나 의사소통이 되지 않았다. 결국 대충 짐작으로 방향을 잡아서 길을 걷는다.

그때 울란바토르 교대 여대생을 만났다. 사정을 이야기했다. 여학

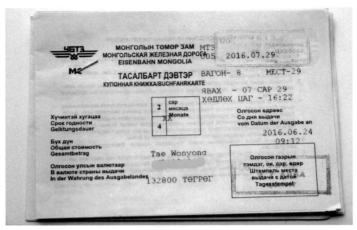

몽골 횡단 기차 티켓

생은 여행사에 전화를 해서 위치를 물었는데 그녀도 정확하게는 모르는 것 같았다. 도서관에 가는 길인데 안내를 해 주겠다고 하면서 20여 분 걸어가면서 이런저런 이야기 나눈다. 다시 정확한 위치를 길 가던 청년에게 물어 그 청년과 함께 찾아 나선다. 드디어 여행사에 도착했다. 뜨거운 땡볕에 그 여학생의 친절함이 얼마나 고마웠는지. 여학생의 도움이 없었다면 찾는 데 엄청 힘들었을 것이다.

5층 사무실에 가서 몽골 횡단 기차 티켓을 받았다. 지금까지 땀 흘리면서 힘들었던 것보다 반가움과 안도감이 더 컸다. 티켓을 찾으니 이제야 안심이 되고 마음이 놓인다. 환전소에 가서 가지고 온 엔화와 원화로 투그릭을 환전했다.

지금까지 어려운 순간마다 도움의 손길이 있어서 감사하다. 가족들도 건강하게 잘 여행을 한 것도 감사하고 고마운 마음이다.

모든 일정들이 잘 맞추어진 톱니바퀴처럼 연결되는 것이 신기하다고 한다. 그러기 위해서 내가 얼마나 많은 시간과 정성을 기울였는지 가족들은 얼마큼 알까? 좋아서 하는 일도 중요하지만 당연하게 내가 할 일이라고 생각하는 것이 더 중요하다.

아, 그러고 보니 여행사를 찾아가는 길에 그저께 울란우데 호스텔에서 같은 방을 사용하였던 프랑스 아저씨를 반갑게 만났었다. 이런 인연이! 러시아에서의 만남이 몽골까지 이어졌다. 가끔 여행하다 보면 이런 경우가 가끔 있다. 건강하게 잘 여행하라고 하면서 서로에게 행운을 빌었다.

넓은 칭기즈칸 광장에 도착했다. 뜨거운 햇살이 가득한 광장 중앙의 칭기즈칸 동상을 보니 몽골인들이 얼마큼 그를 사랑하며 존경하는지 알 것 같다. 우리나라에서는 누가 저렇게 사랑받고 존경받을까? 세종대왕과 이순신 장군을 떠올렸다.

칭기즈칸(1162~1227)은 중앙아시아를 중심으로 유럽에 커다란 영향을 끼친 세계 최대의 패왕이며 서양 제국의 공포 대상이 되었던 거대한 몽골 제국의 황제였다. 가끔 케이블 TV에서 칭기즈칸의 일대기가 나온다. 삼국지는 즐겨 보았는데. 그것도 언제 시간을 내어서 처음부터 시청하고 싶다.

인류 역사상 가장 많은 영토를 지배했다는 칭기즈칸. 중학생 때 칭기즈칸의 전기를 읽고 감명을 받았었다. 그의 어릴 때 이름이 테무친이었다. 내 성씨가 '태'이므로 친구들에게 태무친이라 부르라고 했었다.

마르코 폴로(1254~1324)의 동상도 반갑다. 그는 이탈리아 베니스의 상인으로 중국을 비롯한 아시아를 여행하고 『동방견문록』이라는 책을 저술했다. 나는 우리나라 대동여지도를 만든 고산자 김정호

1. 칭기스칸 광장
2. 칭기스칸 동상
3. 칭기스칸 호위무사 동상

4. 문화예술극장
5. 칭키스칸 광장 옆에 있는 '서울의 거리'
6. 마르코 폴로 동상

(?~1866) 선생과 탐험가인 마르코 폴로를 존경한다.

어떻게 그 당시에 그렇게 탐험하고 여행을 했을까?

여행 TIP

1. 몽골 횡단 기차 티켓은 현지 여행사에서 받아야 하니 정확한 위치와 영업시간도 아는 것이 중요하다.
2. 길을 물을 때 아가씨에게 물어보면 친절하게 알려 주고 성공 확률이 높다.

숙소: Modern Mongol Hostel

4인실 기준 1박 32,356원이며 부킹닷컴을 통해서 예약했다. 다른 사람은 4인실에 15달러, 67,380원이라고 했다. 깨끗하고 좋았다. 아침 식사도 아메리칸 스타일로 제공한다. 칭기즈칸 광장은 걸어서 10분. 환전소도 부근에 있다.

7월 28일 목요일 맑음

슈퍼마켓 4,350투그릭: 빵 1,000투그릭, 음료수 2,000투그릭, 젤리 1,350투그릭
테를지 투어비 220달러(462,000투그릭)
칭기즈칸 동상 입장료 28,000투그릭

시대의 영웅호걸도 다 지나간 이름이다

한때 천하를 호령하는 영웅호걸도 다 흘러간 강물이 되었다. 호랑이는 죽어서 가죽을 남기고 사람은 죽어서 이름을 남긴다고 한다. 그래서 뭐 어떻다는 것인가? 일장춘몽이다. 다 지나고 보면 한순간의 꿈일 뿐이다.

다만 사람들에게 나쁜 기억으로 남지 않고 좋은 기억으로 남으면 그것으로 족하다. 바람처럼 왔다가 바람처럼 가는 소풍 같은 인생이

다. 한 줌의 모래 같은 명예, 권력, 부를 얻기 위해 인생을 낭비하지 말자. 진짜 가치 있는 삶을 살다가 미소 지으며 눈을 감고 싶다. 내가 받은 달란트, 분량만큼 최선을 다해서 살아가면 된다. 그래야 애먼 데 힘쓰면서 무리하지 않고 자유롭게 살 수 있다. 욕심의 마음을 버리자.

울란바토르에서 동쪽으로 54㎞ 떨어진 '천진볼독'의 허허벌판에 칭기즈칸의 거대한 동상이 있다. 1206년 몽골을 통일한 것을 기념하여 800년이 지난 2006년에 광활한 대지 위에 건립하기 시작해서 2010년에 완공되었다고 한다. 동상 밑 높이가 10m, 동상이 40m, 합하여 50m이다. 녹슬지 않는 스테인리스 250톤을 사용하였다. 후손들이 최고의 전성기 시절을 그리워해서 건립한 것은 아닐까 생각해 본다.

몽골 사람들이 가장 존경하는 칭기즈칸. 그는 또한 위대한 법 제정자이다. 30여 개국을 정복한 그는 그 당시로서는 획기적인 융화 정책을 펼쳤다. 그렇지 않고서 어떻게 정복하고 관리했겠는가? 용맹하면서도 합리적인 사람이었던 것 같다.

저 높은 곳에서 황제 칭기즈칸은 어디를 보고 있는 것일까? 궁금했었는데 검색을 해 보니 두 가지 설이 있다. 하나는 자기 고향을 그리면서 바라보는 것이고, 또 하나는 중국에 대한 분노와 함께 외세로부터 나라를 지키는 의미라고 한다. 몽골인은 중국을 제일 싫어하고 러시아를 우호적으로 생각한다. 우리나라가 일본을 제일 싫어하고 미국을 우호적으로 생각하는 것처럼. (아래에는 용맹하고 늠름한 9명의 호위 장군이 있고 5명의 왕비 동상이 있다.)

관광 상품으로 가까이에서 본 독수리의 크기가 생각보다 크다. 날

개를 펼치면 1m는 훨씬 더 될 것 같다. 무게도 20㎏ 가까이 된다고
한다. 관광객들을 상대로 돈 벌이 수단이 되고 있는 모습이 안쓰러웠
다. 하늘을 주름잡던 그 용맹함과 기개는 어디에 간 것일까? 온순한
한 마리의 새가 되어 있다니. 저 가슴 속에 창공을 날고 싶은 생각은
있는 것일까?

입장료가 7,000투그릭이다. 관광객은 2배를 더 받는다고 한다. 매
표소에서 입장권을 구입해야 한다고 해서 패키지에 포함된 것이 아닌
가 물으니 아니란다. 당연히 패키지 가격에 포함되어 있는 줄 알았고,
2,000투그릭밖에 가지고 있지 않았다.

처음 계획은 테를지 국립 공원에 그냥 찾아가는 것이었다. 효은이
컨디션도 안 좋고 가족들도 피곤해했다. 마침 호스텔 카운트에 테를

지로 가는 패키지 상품 안내가 있었다.

'그래, 편하게 갔다가 푹 쉬고 오자.'

승용차로 픽업해 주고, 게르에서 1박, 삼시 세끼, 승마 체험, 추가 요금까지 지불하면 칭기즈칸 동상에 간다고 한다. 점심, 저녁, 아침을 저녁, 아침, 점심으로 변경하고 올 때는 울란바토르 기차역으로 데려다 주는 것으로 계약했다. 환전소에서 투그릭으로 바꾸었는데 여행사 직원이 호스텔에 와서는 달러로 환산해서 투그릭으로 받았다.

당연히 칭기즈칸 입장료가 포함된 것으로 알고 있었는데 다시 주차장까지 내려가서 운전기사에게 말하니 본인은 모르는 일이라면서 여행사 직원에게 전화를 해 바꾸어 준다. 그것은 기름 값이란다. 내가 오기 전에 호스텔에서 가족들에게 설명을 했다고 한다.

이런, 뭔가 속은 것 같은 찝찝함……

여기까지 왔는데 전망대에 올라가지 않을 수는 없지 않은가? 매표소로 가서 신용 카드로 입장료를 지불했다. 1시간 후에 직원에게서 문자로 온 것을 드라이버가 보여 주었다.

"선생님, 제대로 설명을 못한 것 같아서 미안합니다. 다들 그렇게 합니다."

파란 하늘과 푸른 초원 사이로 흐르는 몽골의 바람은 어딘가 다른 것 같다. 이 바람은 어디서부터 오는 것이며 어디로 가는 것일까?

저 아래 몽골 유목민들의 이동식 전통 가옥 '게르'가 조그마하게 보인다. 이곳을 대규모 관광단지로 만든다고 하는데 그냥 그대로 두는 것도 좋을 듯하다. 몽골인들은 태생이 유목민이다. 가족과 가축을 데리고 초원을 따라 정착하지 않고 옮겨 다닌다. 그래서 개발하는 것에

CHINGGIS KHAAN

1. 칭기스칸 동상 정문
2. 몽골 전통신발인 '고틀'이다. 소 120마리의 가죽으로 만들었다. 세계에서 제일 큰 신발로 기네스북에 올랐다고 한다. 동상의 발 크기에 맞춰 제작했다.
3. 칭기스칸 동상 전망대
4. 칭기스칸 동상 전망대에서 만난 몽골 아기
5. 울란바토르 근교 주택지
6. 울란바토르 근교 주택지
7. 칭기스칸 동상 전망대에서 바라본 풍경

연연하지 않는다. 자연은 그대로 보존하고 지켜야 하는 것이다. 그것이 맞다고 본다.

몽골의 아기가 귀엽게 방긋방긋 웃는다. 진짜 몽골 아기처럼 생겼다. 초원 한가운데에 곧게 뻗은 도로는 눈을 시원하게 한다. 유독 도요타 승용차가 많이 보였다. 그 이유를 알고 보니 일본에서 도로를 건설해 주는 조건으로 일본 차를 많이 팔기로 했다고 한다.

여행 TIP

1. 패키지 상품을 계약할 때 정확하게 알고 하자. 기존의 상식으로 입장료는 포함이라고 생각하지 말자.
2. 한 번 더 오기 쉽지 않은 곳이다. 입장료와 체험비를 아까워하지 말자.

3. 기대 이상으로 좋았던 테를지 국립 공원

기암괴석이 있는 푸른 바다로 들어가다

나는 평소에 기대를 하지 않는다. 기대가 크면 실망이 크다는 사실을 많은 경험으로 안다. 그런데 아주 가끔 기대하지 않았는데 좋은 일이 생기면 기분이 좋아진다. 오랜만에 울란바토르에서 북동쪽으로 80㎞ 떨어진 테를지 국립 공원에서 그런 경험을 하게 되었다.

테를지 국립 공원은 제주도 면적의 1.5배 크기로 1993년에 국립 공원으로 지정되었고 세계문화유산으로 등재되었다. 그곳에 입장료를 내려고 투그릭을 남겨두었다. 그런데 매표소에 사람이 없자 드라이버가 "럭키."라면서 씨익 웃고 지나친다. 왠지 기분이 좋아진다.

공원 입구에서 점점 안쪽으로 들어가는데 생각보다 한참 달린다. 차창 밖으로 보이는 풍경이 장난이 아니다.

알프스를 옮겨 놓은 것인가? 대륙의 협곡을 가져다 놓은 것인가? 시선이 닿는 곳마다 그림 같은 풍경이 펼쳐진다. 끝없이 펼쳐진 초원을 달린다.

몽골에 이런 곳이 있었다니 복권에 당첨된 것처럼 미소가 지어진다. 해발 1,600m 항헨티 산자락에 위치했다고 하는데 넓이가 장난이 아니다. 기암괴석, 나무, 파란 하늘, 푸른 초원의 어우러짐이 환상적이다. 지평선 속으로 점점 빨려 들어가는 느낌이다. 저곳에는 무엇이 있을지 궁금해진다.

몽골은 드넓고 푸른 초원에 게르만 있을 줄 알았는데 27㎞의 길이에 따라 멋진 산들이 펼쳐졌다. 국립 공원 매표소에서 40여 분을 계속 달린다. 가도 가도 끝이 없는 길에 감탄을 하면서 들어왔다.

'테를지, 네가 마음에 든다.'

광활한 대륙의 스케일과 아기자기한 바위들이 잘 어우러져 아주 맛나게 잘 비벼 놓은 듯하다. 굽이굽이 도는 길을 넘어가면 또 다른 절경이 펼쳐진다. 때로는 영화의 한 장면 같은 곳이 나타나더니 윈도우 바탕화면 같은 초원을 보여 주기도 한다.

우리가 숙박할 게르는 테를지 공원 제일 끝이었다. 덕분에 테를지 공원의 기가 막힌 풍경들을 눈과 가슴에 가득 담는다. 또 하나의 멋지고 아름다운 추억의 장소를 만들게 되어 기분이 좋았다.

고등학생 때 영화를 보았다. 유채꽃이 활짝 핀 제주도의 해변을 자전거로 달리는데 멋지고 아름다웠다. 몇 년 후에 죽마고우와 자전거 타고 제주도 해안가를 신나게 달렸었다.

텐트 안에서 자고 석유 버너에 알코올을 부어 밥을 해 먹으면서 이곳에서도 그렇게 자전거를 타고 싶다는 생각을 해 본다. 아니, 이곳은 말을 타고 달리는 것이 더 어울릴 듯하다. 그럼 언제쯤 나는 이곳을 달리고 있을까? 서부 영화에서는 먼지를 폴폴 날리며 황량한 벌판을

말 타고 질주한다. 이곳의 말들은 행복할 것 같다. 풀밭 위로 달리니까. 몽골 말이 체구는 작지만 지구력이 좋다고 한다.

몽골의 높은 산에서 자라는 식물의 이름이라고 하는 '테를지' 국립공원. 전혀 예상치 못한 파노라마가 펼쳐졌다. 파란 하늘과 푸른 초원 사이로 흐르는 바람의 숨결을 느끼면서 달린다. 끝없이 펼쳐지는 바위산과 초록의 능선에 감탄을 쏟아낸다. 해발 2,000m의 고원 지대에서 초원의 바다가 출렁인다. 초원과 사막의 나라에서 알프스와 협곡을 본다. 야생화로 가득한 언덕이 살아서 춤을 추는 듯하다. 지천이 야생화와 야생초들이다. 이름 모를 꽃이지만 보는 것만으로도 아름답다. 추운 겨울 잘 견디어서 더욱 그런 것 같다.

"참 아름다워라, 주님의 세계는. 저 솔로몬의 옷보다 더 고운 백합화. 망망한 바다와 늘 푸른 봉우리, 다 주 하나님 영광을 잘 드러내도다."

스마트폰을 구입하면서 아내도 사진을 찍고 저장하여 두고두고 추억하면 좋겠다는 생각을 했었다. 그런데 생각 외로 사진 찍기를 너무 좋아한다. 효준이와 효은이가 아빠보다 더하다고 할 정도이니.

아내의 스마트폰에는 수백 장의 야생화가 있다. 이번 여행 중에 찍은 수천 장의 사진을 보는 것만으로 오랫동안 행복해할 것 같다.

가끔 외국인들이 트래킹하는 모습이 보인다. 며칠 머물고 싶다는 생각이 절로 든다. 시골의 정취가 정겹게 다가온다. 오고가며 인사를 나누는 얼굴이 친근하다. 목가적 풍경이 마음을 편하게 한다.

바람은 자유롭다. 네팔의 안나푸르나 베이스캠프 트래킹, 태국의 창마이 청라이 원주민의 생활, 필리핀의 수많은 마을들, 스위스의 달

력 사진 같은 풍광, 침엽수림이 많이 보이는 타이가 지대를 경험한다.

이곳도 머지않아 가을이 오고 기나긴 겨울이 올 것이다. 그래서 짧은 여름이 아쉽고 더욱 아름다운지 모르겠다. 또 하나의 기분 좋은 추억이 마음에 쌓여 가고 있다.

저 푸른 초원 위에 그림 같은 게르 짓고

저 푸른 초원 위에 그림 같은 게르 짓고 사랑하는 우리 님과 한 백 년 살고 싶어 멋쟁이 높은 빌딩 으스대지만 유행 따라 사는 것도 제 멋이지만 반딧불 게르 집도 님과 함께면 나는 좋아 나는 좋아 님과 함께면 님과 함께 같이 산다면.

'여행하며 사진 찍고 책 읽고 글 쓰며 살고 싶어라.'

몽골 속담에 '말(馬)이 없는 인간은 날개가 없는 새'라고 한다. 초원 위를 말 타고 달리는 기분이 좋다. 2년 동안 필리핀에서 가족과 함께 살던 때가 생각났다. 효준이, 효은이도 혼자서 잘 탄다.

몽골 말은 서양 말보다 장거리를 달려도 지치지 않는다며 말을 이끌던 몽골인의 자부심을 느낄 수 있다. 5살 때부터 말을 탔고 대회에도 많이 출전했다면서 달리는 시범을 보이기도 한다.

칭기즈칸 시대에 제일 넓은 영토를 지배했으니 인정한다. 중세 시대 유럽인들이 침략까지 일주일 정도를 예상하고 대비하였는데, 몽골인들이 말 위에서 먹고 자면서 달려 3일 만에 도착해 정복했다는 이야기가 생각났다.

효준이가 탄 말은 경주마라서 잘 달린다. 나의 말은 관광객을 위한 말이라서 조금 달리다가 쉬기도 한다. 몸과 마음은 무한 질주하고 싶은데 이럴 때는 말을 바꾸고 싶다. 말이라도 다 같은 말이 아니다.

도도하게 흐르는 저 강물이 바이칼 호수로 간다고 한다. 그러고 보니 국경은 인간이 인위적으로 만든 것이다. 자연은 막힘없이 하나가 된다.

묵직한 카메라 삼각대를 펼치고 이번에 장만한 광각 렌즈와 필터, 릴리즈를 점검한다. 유명한 몽골 밤하늘의 은하수와 쏟아지는 별들의 향연을 만나려는 부푼 마음이 가득하다. 고등학생 때 사진반 활동을 하면서 암실에서 인화·현상하는 작업이 신기하고 즐겁고 좋았다. 아버지께서는 '아사히 펜탁스' 카메라를 즐겨 사용하셨다.

지금까지 기회가 있으면 수차례 사진 강좌를 들어 왔었다. 작년부터 올해 전반기까지 대구에서 유명한 김영록 사진작가를 모시고 시립미술관에서 매주 토요일 오후 2시간씩 강의와 실습을 했다. 여행 떠나기 전에는 밤하늘의 별들을 촬영하는 방법을 배우고 따로 공부를 했었다.

저녁 식사 후 흐리더니 비가 내리고 먹구름이 가득하다. 새벽까지 혹시나 하는 마음에 2시간 간격으로 게르를 나와서 밤하늘을 바라본다. 아무리 내가 철저히 준비하고 계획할지라도 하나님이 도우시지 않으면 소용이 없다.

지금까지 계획한 대로 잘 진행되고 있었는데 아쉽게도 비로 인해 차질이 생겼다. 다음에 다시 오라는 뜻으로 알고 비로소 잠을 청한다. 이번 여행에서 제일 아쉬웠던 밤이 그렇게 지나가고 있었다.

몽골에 오면 꼭 맛보아야 한다는 것이 '허르헉'이다. 어떤 이는 '헉!' 할 정도로 맛있다고 했다. 게르 안주인이 아침에 점심 식사 메뉴로 먹어 볼 것을 권했다. 투그릭이 얼마 없다고 하니 루블화도 좋단다.

양고기를 3시간 동안 뜨겁게 달궈진 깨지지 않은 검은 돌 위에서 구워낸 요리다. 누린내가 나지 않고 식감이 부드러우면서 담백하다. 족발 맛과 비슷한 것 같은데 또 다른 맛이다. 은근하게 다시 먹고 싶은 맛이다. 옆 테이블에 혼자서 식사하는 영국인에게 권했더니 제일 큰 고기 덩어리를 집어 갔다. 효준이, 효은이가 엄지를 척 올리며 맛나게 잘 먹더니 깨끗하게 비웠다.

눈앞에 펼쳐진 아름다운 풍경만큼이나 이곳에서 머무는 시간들이 기대 이상으로 좋아 며칠 더 머물고 싶었지만 우리의 일정이 여기까지다. 23박 24일 일정에서 며칠만 더 여유가 있었더라면 하는 부질없는 마음이 조금 들었다.

그러나 떠날 때는 미련 없이 바로 길을 나서야한다. 바로 마음을 접는다.

그것이 또 인생이 아니겠는가!

7월 29일 밤에 비 온 후 맑음

허르헉 40,000투그릭

4. 국경을 넘는 몽골 횡단 철도

몽골 횡단 기차 타고 러시아로 돌아오다

처음 계획은 울란바토르에서 울란우데로 버스를 타고 간 뒤 울란우데에서 이르쿠츠크까지 시베리아 횡단 기차를 타려고 했었다. 그런데 검색을 하다 보니 몽골 횡단 기차를 타면 24시간 후에 이르쿠츠크에 도착한단다. 갈 때는 버스를 타고 갔으니 올 때는 기차를 타는 것도 좋겠다 싶어서 어렵게 예약을 했었다.

그리고 울란바토르에서 기차표를 받기까지 마음을 졸였다. 울란바토르로 갈 때 버스, 택시, 봉고차까지 총비용이 132,500원이었다. 몽골 횡단 기차 요금은 686,627원이다. 아마 나 혼자 여행을 왔더라면 버스를 타고 왔을 것이다.

3개국을 횡단하는 기차답게 외관부터 시원스럽게 잘빠졌다. 승무원들이 탑승하기 전에 여권과 승차권의 이름, 여권 번호를 체크한다. 문제는 그들이 영어를 못한다는 것이다.

시베리아 횡단 기차와 비교해 보았을 때 우선 새것같이 깨끗하고

좋다. 실내 편의 시설이 잘 되어 있고 무엇보다 에어컨이 있다. 테이블 위에 놓인 맥심 커피를 보는 순간 반갑고 미소가 그려졌다. 그렇다. 믹스 커피의 맛은 우리나라가 최고다. 전체적으로 일본의 좁은 호텔 같은 느낌이었다.

몽골 출국보다 러시아 입국을 더 까다롭게 한다. 경찰 8명이 번갈아 시차를 두고 검사하며 인원 체크만 다섯 번을 한다. 블라디보스토크 공항으로 입국할 때는 작성하지 않았던 입국 카드와 세관 신고서도 작성한다. 한밤중에 2시간 넘게 에어컨이 중지된 열차 안에 서서 기다리는 것은 조금은 힘들다. 역시 국경을 넘는 일이라 까다로운 절차와 시간을 요구한다.

새벽 1시경에 몽골 출국 수속을 시작하여 3시 넘어서야 가까스로 러시아로 들어왔다. 어찌 보면 국경을 넘는 일이니 당연한 일이다. 북한과도 이런 번거로운 절차를 치르고라도 왕래하면 얼마나 좋을까?

창밖으로 보이는 풍경들이 눈을 맑게 한다. 푸른 초원에서 한가로이 풀을 뜯고 있는 소와 양, 말들이 자연스럽고 자유롭다. 이곳이 저들에게는 낙원이리라. 때로는 달리기도 하고 물을 먹는 모습이 평화롭다. 초원의 바람을 가르면서 말 타는 기분이 느껴진다. 우리나라에는 한 집에 한 대의 승용차가 있지만 몽골에는 여러 마리의 말이 있을 것 같다.

몽골에서의 짧은 여정을 아쉬워한다. 언젠가는 기회가 되면 오랫동안 몽골의 여기저기를 다니며 체험하고 싶다. 오래전에 인도를 3개월 동안 일주하면서 며칠 동안 낙타를 타고 사막을 다녔던 기억이 났다. 그때도 별들이 바로 눈 위에서 쏟아졌었고 별똥별도 많이 보았었다.

얼마 만에 보는 무지개인가? 언제보아도 신비롭다. 오랜만에 보니 반갑고 좋다. 공기가 맑아서인지 꽤 먼 거리임에도 선명하게 보인다. 저 무지개 끝에는 무엇이 있을까? '솔롱고'는 몽골어로 무지개란 뜻이다. 몽골인들은 한국을 가리켜 '솔롱고스'라고 부른다. '무지개 뜨는 나라'라는 뜻이다.

정차 역 간이 매점에 내가 좋아하는 김밥이 보인다. 어떤 맛일까? 궁금하다. 우리나라 돈으로 1,000원이다. 하지만 당장 몽골 돈이 없고 루블화는 안 된다고 해서 보기만 했다.

7월 30일 토요일 맑음

기차 안에서 몽골 횡단 철도청 자석 기념품 110루블

기차에서의 첫 만남, 바이칼 호수

몽골의 초원을 밤새 달린 철마는 아침이 되니 눈에 익은 러시아의 시골을 달리고 있었다. 아직 몽골보다 러시아가 반가운 이유는 무엇일까?

'시베리아의 진주'라고 불리는 바이칼 호수. 한동안 호수를 바라보는 것은 색다른 경험이고 즐거움이다. 지각 판의 융기로 형성되었는데 수심이 1,637m로 세계에서 가장 깊은 호수라고 한다. 바다의 표면보다 1,295m가 낮고, 호수의 길이는 636㎞, 평균 너비는 48㎞, 남한 면적의 1/3이며 최대 투명도는 42m로 수정처럼 맑고 깨끗하다. 지각 변동이 되면 지구의 다섯 번째 대양이 될 것이라고 한다. 전세계 얼지 않는 담수량의 약 20%가 될 정도로 엄청 넓기 때문에 생태계의 보고라고 한다. 이곳에만 산다는 물범은 보지 못했다.

울란우데에서 이르쿠츠크로 가는 길에 바이칼 호수를 지난다. 소문으로만 듣던 바이칼 호수를 만나니 그렇게 반가울 수가 없다. 가이드북에는 예매할 때 꼭 낮에 통과하도록 하라고 적혀 있었다. 박범신 작가의 소설 『주름』에 바이칼 호수가 나온다고 하던데 돌아가면 읽어보고 싶다.

어디까지가 호수이고 하늘인가? 망망대해인데 사실은 호수이다. 3시간을 이렇게 옆을 벗 삼아 기차는 달린다. 호수라서 태풍과 파도의 위험은 없을 것이다. 문을 열면 바로 호수고 텃밭이다. 정겹고 평화로운 풍경들이 빠르게 지나가고 있지만 마음에는 오랫동안 머물러 있다.

나는 철길이 좋다. 차창으로만 보는 풍경이 지루할 즈음에 수많은 객차를 지나고 지나서 마지막 칸에 도달했다. 이 멋진 장면을 촬영하

기 위해 땀을 흘려 가면서 기차 끝까지 갔다. 그리고 기다렸다. 내 마음에 드는 장면이 나올 때까지.

곧게 뻗어 있는 기찻길. 굴곡이 있는 기찻길. 길게 나란히 뻗어 있는 기찻길. 비록 오두막과 옥수수는 없었지만 그래도 좋다. 스쳐 지나가는 풍경들과 나란히 달리고 있다. 혹독하게 춥고 길고긴 겨울을 견디어 내는 강인한 러시아 사람들. 따뜻한 날씨가 얼마나 그들에게는 소중할까? 아직 호수 물은 차갑다고 하지만 많은 사람들이 즐기고 있다. 분명 이곳은 바다가 아닌 호수인데 분위기는 한여름의 해변 분위기가 난다.

차장이 내릴 때 즈음에 방명록에 글을 남겨 달라고 부탁을 한다. 의사소통이 원만하지가 않아 조금 불편은 했지만 쾌적한 환경의 기차를 잘 타고 왔다고 적었다.

중국어를 오래전에 조금 배웠는데 사용해보지 못한 것이 아쉽다. 어학의 필요성을 다시 한 번 더 절감한다.

5

시베리아
동부 지역

I. 시베리아의 파리, 이르쿠츠크

전화위복이 된 이르쿠츠크 호스텔

약 23시간 30분을 달려 러시아에서 가장 매력적인 도시이자 '시베리아의 파리'라고 불리는 동(東)시베리아의 수도인 이르쿠츠크에 도착했다. 현재 인구가 60만여 명이 살고 있고 바이칼 호수와 70㎞ 떨어져 있어 많은 관광객들이 찾아온다. 비행기로 이곳에 도착하여 바이칼 호수만 구경하고 돌아가는 사람들도 많다고 한다. 국내 비행 요금은 생각보다 저렴했다. 블라디보스토크에서 모스크바까지 가는 비행기 요금이 한국에서 바로 모스크바에 가는 것보다 저렴하다.

우리는 오늘 이곳에 머물고, 올혼 섬 후지르 마을에서 하룻밤 머문 뒤 다시 이곳에서 하루 더 머물게 된다. 100년 전에 세워졌다는 유럽풍의 역이 아름답다. 부킹닷컴을 통해 숙소를 예약할 때는 기차역과 가까운 곳이나 시내 중심부에 있는 곳을 선택한다. 이르쿠츠크 호스텔도 기차역에서 도보로 10분 거리이고 평이 좋아서 예약했다.

햇살이 쨍쨍한 오후, 캐리어를 끌고 땀을 흠뻑 흘리면서 언덕을 올라 숙소에 도착했다. 영어가 서투른 매니저와 인사를 하고 컴퓨터로 예약 확인을 하는데 이곳이 아니란다. 시내에 있는 2호점이라면서 지도를 보여 준다.

'우째 이런 일이!'

순간 당황스러웠다. 아직도 왜 그렇게 되었는지 알 수가 없다. 2호점의 매니저에게 전화를 해서 바꾸어 주는데 유창한 영어로 웃으면서 그곳으로 오라고 한다. 이곳에 그냥 숙박하고 싶다고 하니 다시 이곳 매니저와 통화한다. 하지만 빈방이 없단다.

작은 승용차를 불러 주었다. 그리고 이곳에서 세탁한 듯한 시트와 베게 덮개를 부탁했다. 앙가라 강을 건너 도착한 호스텔은 처음 본 곳보다 시설이 넓고 깨끗하고 쾌적했다. 매니저 아가씨의 중국어도 유창했다. 웃음이 많고 유쾌해서 기분을 좋게 한다. 4인실에 에어컨이 있다. 뜨거운 물로 샤워를 하고 잠시 휴식을 취했다.

내일 올혼 섬으로 가야 한다며 매니저에게 지도를 받고 가볼 만한 곳과 맛집을 소개받았다. 대부분 관광지는 숙소에서 걸어서 30분 이내 거리이다. 처음 숙소에 머물렀다면 번거롭게 앙가라 강을 건너고 오고 가며 택시를 타야 했을 거리다. 몇 시간 전에는 피곤하고 날도 더운데 숙소를 옮겨야 한다는 사실에 약간 짜증이 나려고 했었다. 가족이 있으니 속으로만 삼키고 내색은 하지 않았었다. 그러나 이런 것을 두고 '전화위복'이라고들 말한다.

종이 지도를 펼쳐 들어 방향을 잡고 길을 나선다. 효준이와 효은이는 스마트폰의 지도를 본다. 도로가 세밀하게 많아서 헷갈린다. 아니다 싶을 때는 현지인에게 묻는 것이 최선이고 가장 빠른 방법이다.

1. 이르쿠츠크 전경
2. 130지구 쇼핑센터 입구에는 신화에 나오는 괴물 '바브르'의 청동상이 있다.
3. 전쟁영웅 동상
4. 130지구 쇼핑센터 내에 있는 카페
5. 러시아 거리에서 본 영화 '국제시장' 포스터

올혼 섬에 가는 미니버스는 아침 8시 30분에 있다고 한다. 선착순으로 먼저 자리를 잡고 있으란다. 중요한 일을 마치고 나니 마음이 편해진다. 이곳 시장에는 무엇이 있나 하며 호기심 가득한 눈으로 구경을 했다.

19세기 세월의 흔적을 느끼게 하는 목조 건물들이 많이 보였다. 유럽은 석조 건물이기 때문에 오랫동안 유지되고 우리나라는 목조 건물이라서 남아 있는 것이 별로 없다고 생각했었다. 그런데 목조 건물도 유지 관리만 잘하면 오랫동안 볼 수 있다고 한다.

길 위에 서 있는 나는 무엇 때문인가? 무엇을 얻고자 함인가? 왜 길을 나서고 떠나는 것일까? 오늘 길 위에 선 나는 무엇을 생각하는가?

유쾌한 매니저 아가씨가 적극 추천한 부랴트의 전통 음식인 포지를 파는 곳으로 간다. 현지인들이 자주 찾는 곳은 특별한 요리와 저렴한 가격으로 배낭여행자를 행복하게 한다. 포지는 내가 좋아하는 고기만두와 비슷하게 생겼다. 먹는 방법은 손으로 집어서 한 입을 베어 먹은 다음에 안에 있는 육즙을 빨아들이는 것이다. 시키면 그대로 잘 따라 하는 우리는 그대로 해 본다. 뜨겁고 달달한 육즙과 고기소가 맛나다. 육개장과 비슷한 맛이 나는 '보르쉬'와 같이 먹으니 더 맛있는 것 같다.

오래된 목조 건물의 거리와는 대조적으로 유럽적인 느낌이 물씬 느껴지는 '130지구 쇼핑센터' 입구에는 신화에 나오는 괴물 '바브르'의 청동상이 있다. 오래된 도시의 공통점이기도 하다. 유럽의 아름다운 어느 도시에 있는 듯 눈을 즐겁게 한다.

중앙 도로를 중심으로 1㎞를 걷는데 좌우에 멋진 카페와 기념품 가게들이 있다. 밤 9시가 넘어 조금씩 어두워지면서 하나둘 불빛이 켜지고 분위기가 살아난다. 사랑하는 연인들이 데이트하기 좋은 곳이다. 음악이 흘러나오고 모두의 표정이 밝다. 거리의 끝에는 현대 복합 쇼핑몰 '모드느이 크바르탈'이 있는데 필리핀에 많은 SM몰을 연상하게 했다.

추천해 준 레스토랑에도 가 보았는데 빈 테이블은 보이지만 모두 예약 좌석이었다. 올혼 섬에 다녀와서 다시 가기로 했다. 한 바퀴 둘러본 뒤 슈퍼마켓에 가서 먹고 싶은 것을 한 보따리 사 들고 숙소를 향했다.

10시가 훨씬 넘은 야심한 시간에도 우리 가족은 밤거리를 걷는다. 간간이 오고 가는 사람들이 있다. 러시아의 밤거리임에도 위험하다는 생각이 들지 않는다.

영화 '국제시장'의 포스터를 보니 반갑다. 우리나라 역대 관객 수 2위로 1,400만 명 이상이 보았다. 한국전쟁 때 함경북도 흥남철수 장면이 영화의 첫 장면이다. 러시아에서 한국전쟁을 소재로 한 영화 포스터를 보니 여러 생각이 드는 가운데 러시아 사람들은 영화를 보고 어떤 생각을 했을지 묻고 싶었다.

여행 TIP

1. 이르쿠츠크 숙소는 기차역 주변보다 시내 중심가가 좋다.
2. 부킹닷컴으로 예약할 때 본점인지 2호점인지 확실하게 확인을 해야 한다.
3. 호스텔 매니저에게 지도를 받고 볼거리와 먹거리를 추천받자. 적극적으로 물어보자.
4. 길에서 헤맬 때는 과감하게 현지인에게 물어보자.

숙소: Tri Matreshki na Karla Marksa

4인실 2박에 6,400루블(114,006원)이며 1인 1박 기준 800루블. 기차역 부근과 시내 두 군데가 있는데 시내가 훨씬 좋았다. 깨끗하고 에어컨 사용 가능하며 뜨거운 물이 나왔다. 올혼 섬으로 가는 버스 정류장과 중앙 시장까지 걸어서 15분 거리다.

7월 30일 토요일 맑음

- -

호스텔 1호점 ⇒ 호스텔 2호점 승용차 120루블
포지, 보르쉬 590루블
병맥주 120루블
앙가라강 ⇒ 호스텔 택시 170루블
슈퍼마켓 746루블

둘째 주 소계 569,751원
총계 975,022원

2. 바이칼 호수와 올혼 섬

시베리아의 진주 바이칼 호수와 올혼 섬으로 가다

　살아가면서 정말 필요한 물건은 어느 정도면 될까? 어릴 때 『로빈슨 크루소』를 인상 깊게 읽은 후 가끔 내가 무인도에 가면 어떻게 살 것인가 상상해 본 적이 있다.

　올혼 섬을 1박 2일로 다녀오기 위해 매니저에게 짐을 맡겨도 되냐고 물으니 흔쾌히 OK 한다. 작은 배낭 두 개가 가볍고 편하다. 1992년 배낭 하나 달랑 메고 세계 여행을 다닐 때도 그랬었다. 부족함이나 불편함보다는 몸이 자유로우니 좋았다. 불필요한 것은 나누어 주고 필요한 것만 가지는 훈련이 필요하다. 여행할 때는 잘 되는데 집에서는 왜 안 되는 것일까?

　시베리아의 진주라 불리는 바이칼 호수를 만나기 위해 8시 30분에 출발한다는 마슈르트카(미니버스)는 예약이 안 되고 당일 선착순으로 자리를 확보해야 한대서 서둘러 7시 30분에 도착했다. 좌석이 없으면 못 갈 수도 있다는데 그러면 계획에 차질이 생긴다.

그러나 좌석이 찰 때까지 기다린 후 10시 30분에 출발했다. 그리고 3시간을 달려 간이 휴게소에서 점심을 맛나게 먹었다. 먹는 것이 힘이고 충전이다. 우리 가족은 뭐든지 다 잘 먹는다. 그래서 여행 체질이다.

휴게소의 재래식 화장실은 그나마 냄새가 심하지 않고 깨끗했다. 심한 곳은 진짜 혐오스러울 정도다. 왜 관리를 하지 않을까? 1,000원을 받는 곳은 깨끗하다. 화장실 시설과 정수기의 대중화는 우리나라가 최고다.

몽골의 초원을 다시 달리는 느낌이다. 러시아의 풍경이 더해져 또 다른 느낌으로 다가온다. 그래서 친근감이 든다. 세계에서 땅이 제일 넓은 나라라서 부럽다.

그러다가 러시아의 교통비가 저렴한 이유를 주유소의 가격표를 보고 알았다. 휘발유 가격이 우리나라의 1/3이다. 우리나라는 세금이 너무 많다. 그 많은 세금을 제대로 사용하면 얼마나 좋을까?

비포장 도로로 1시간을 더 달리고 나서야 선착장에 도착했다. 두 척의 페리가 사람과 자동차를 싣고 왕복한다. 어수선함이나 소란함이 없다. 차례를 기다리고 페리가 오면 순서대로 조용히 승선한다. 국가에서 운영하기 때문에 승선료가 없는 것이 마음에 들고 신기하다. 사람이 많을 때는 이곳에서 평균 2~3시간을 기다려야 하는데 오늘은 운이 좋게 30분 만에 페리를 탔다.

망망대해의 투명한 바이칼 호수에 해수욕장 같은 풍경이 펼쳐진다. 호수가 말없이 그곳에 있었다. 시원한 호수 바람을 맞는다. 바이칼 호수에는 27개의 크고 작은 섬들이 있다. 서쪽 중간에 제일 크고 아름

다우며 평화로운 올혼 섬이 있는데 길이 71.7㎞, 폭 15㎞의 기다란 배 모양으로 호수의 푸른 심장이라 불린다. '올혼'은 부랴트어로 나무가 드문 섬이란 뜻이다.

호수 바람을 가슴으로 맞으며 10분 후 드디어 올혼 섬에 도착했다. 바이칼 호수 속의 올혼 섬에서 나오기 위해 선착장에는 수많은 사람들과 차량 행렬이 기다리고 있다. 아마 저 뒤에 있는 사람은 3시간은 넘게 기다려야 할 것이다. 우리나라 명절 연휴의 익숙한 모습을 여기서 본다. 본인의 순서가 오기만을 하염없이 기다리는 지루한 시간을 보내고 있다.

여기서부터 또 비포장도로를 한 시간 동안 무한 질주를 한다. 그렇게 좋아 보이지 않는 차로 110㎞ 넘는 속력을 낸다. 너도 나도 왜 그렇게 속력을 내는지 모르겠다. 조수석에 앉았던 사람은 심장이 너무 떨린다며 뒷좌석에 앉은 일행과 자리를 바꾼다. 영화 '매드맥스'를 촬영하는 것 같다. 전력 질주로 달린다.

곳곳에 멈춘 차들이 보인다. 달리는 중간마다 우리나라 마을에 있었던 성황당 같은 곳이 보인다. 몽골에서는 '어워'라고 부른다. 안나푸르나(8,091m)의 베이스캠프(4,136m)에 오를 때 본 것 중 비슷한 것이 있었다. 운전기사와 현지인이 갑자기 멈추더니 내려서 돈을 놓고 합장하며 기도한다. 태국 여행을 할 때 툭툭이 기사가 운전을 하다가 합장을 하던 행동을 기억하며 신기해했다. 믿음의 표현 행위는 어느 나라나 비슷함을 본다.

믿음이 뭘까? 과연 저들이 믿고 있는 신은 보고 듣고 있을까? 때로는 본인의 마음이 편해지기 위해서 믿는 것은 아닐까? 톨스토이는 젊은 시절에 "신이 사람을 만든 것이 아니라 사람이 신을 만들었다."는 친구의 말에 오랫동안 고민했다고 한다.

믿음의 본질은 무엇인가? 삶에 대한 고민을 해 본 사람이라면 한 번쯤은 믿음과 신에 대해서 심각하게 고뇌하였으리라 생각한다.

작은 마을들을 지나고 후지르 마을에 도착했다. 우리와는 인연이 없는 올혼 섬에서 유명한 목조로 만든 니키타 하우스. 이곳은 부킹닷컴으로 예약이 안 되고 직접 홈페이지에 방문해서 예약을 해야 한다. (아주 배짱 장사다. 건물을 확장하고 있었다.) 3월에 예약을 하려고 하니 빈 방이 벌써 없었다. 혹시 7월 31일~8월 1일에 예약 취소하는 사람이 있으면 부탁을 한다고 이메일로 보냈었다. 한 달 후에 가능하다는 반가운 이메일이 도착했다.

여행 일정을 계획하다 보니 아무리 궁리를 해도 모스크바와 상트페테르부르크는 최소 3박 4일을 머물러야겠다 싶었다. 그래서 할 수 없이 올혼 섬은 가는 데만 7시간을 소요하지만 하룻밤만으로 조정했다. 이메일로 이틀 예약을 하룻밤으로 조정해 줄 수 있냐고 물었다. 일주일 후에 안 된다는 답변이 왔다.

나의 상식으로는 2인실 두 개인데 이틀 중 하루는 우리에게, 다른 하루는 다른 사람에게 주어도 될 터인데. 왜 그랬는지 프론트에 가서 묻고 싶었지만 지나간 일이니까…….

1. 올혼 섬에 가는 버스는 호스텔에서 예약하면 사람당 수수료를 내야 한다. 직접 가서 선착순으로 좌석에 앉아 기사에게 800루블 버스비를 주면 된다.
2. 후지르 마을에는 니키타 하우스 이외에도 호스텔이 많이 있다. 미니버스 기사가 예약한 호스텔 앞까지 데려다준다.
3. 우리가 1박한 호스텔에서는 수수료 없이 예약하고 아침에 호스텔 앞에 미니버스가 온다.

숙소: Mini-hotel Diana

4인실 1박에 2,800루블이며 1인 기준 700루블(50,051원)이다. 니키타 하우스 2인실 1박 2,500루블에 비해 가성비가 좋다. 중심부에 있다. 여주인이 친절하다. 이르쿠츠크로 가는 미니버스를 수수료 없이 예약하고 숙소 앞에서 타고 갈 수 있다는 장점이 있다.

8월 1일 월요일 맑음

이르쿠츠크 ⇒ 올혼 미니버스 3,200루블(1인 800루블)
휴게소 식사 310루블
현지인 식당에서 저녁 식사 750루블

3. 에너지가 느껴지는 후지르 마을

믿음이란 과연 무엇일까?

나는 어디에서 왔으며 내가 이 세상에 태어난 존재의 의미는 무엇일까? 이것은 감각을 넘는 초월 세계에 대한 의문에서 시작한다. 결국에는 삶의 근본적인 문제에까지 다다르게 된다.

> 믿음은 바라는 것들의 실상이요, 보지 못하는 것들의 증거니, 선진들이 이로써 증거를 얻었느니라. (히 11:1)

후지르 마을은 샤머니즘의 발원지라고 가이드북에 적혀 있다. 부랴트족 사람들은 올혼 섬이 주술적인 힘이 작용하는 다섯 장소 중의 한 곳이라 믿는다. 그 이유는 그 민족의 탄생 설화가 전해지기 때문이다. 샤머니즘 문화의 태동지라고 생각한다. 처음 이것을 보았을 때 성황당과 솟대를 떠올렸다. 여행에서 돌아와서 경향신문에서 우리나라 솟대를 이곳에 세운다는 기사를 읽었다.

이곳은 한민족의 시원지라고 전해지며, 올혼 섬에서 제일 유명한 샤먼 바위는 수많은 전설을 가지고 있다. 바위를 보고 있으면 뭔지 모를 신비로운 기운이 느껴진다. 샤먼 바위는 바이칼 호수를 소개하는 엽서나 여행 가이드북의 표지에 꼭 등장한다. 난 도와 기에 관심이 있다. 1985년 단학선원 초창기 때에 2년 동안 수련하면서 기를 체험했다.

저 높은 곳에 올라 선 저 사람은 무슨 생각을 하고 있을까? 저 사람은 어떻게 저곳에 올라갔을까? 무슨 생각을 할까? 신을 찾고 있나?

어디선가 악기와 어우러진 노래가 들린다. 그곳으로 발걸음이 옮겨진다. 잔잔히 심금을 울리는 관악기와 심장을 두드리는 듯한 둔탁한 타악기, 저음의 노랫소리가 어우러져 묘한 끌림이 있다. 반복되는 리듬이 계속 이어진다. 마음 깊고 깊은 곳에서 반응이 되며 파동이 전해지듯이 느껴진다. 무엇일까?

호스텔 안주인이 소개해 준 현지인 식당에 왔다. 러시아 관광객들이 많이 찾는 곳이라고 하더니 그렇다. 저렴하고 맛이 있다고 한다. 바이칼 호수에 와서 '오물'이라는 이 생선을 맛보지 않고서는 제대로 여행을 했다고 할 수 없다. 이름이 좀 거시기하지만 연어과 어종인 오물은 갓 훈제했을 때가 제일 맛있다고 한다.

친절한 여주인이지만 의사소통이 불통인 가운데 주문한 요리는 조금 비릿함이 나고 쫀득한 과메기와 회의 중간의 맛이었다. 포지와 밥 두 접시를 주문했는데 한 접시는 내가 다 먹었다. 짭조름한 것이 뽀얀 쌀밥에 김치와 먹으면 딱 좋을 맛이다. 비위가 약한 사람은 구운 오물을 먹기를 바란다. 단, 잔가시가 많다고 한다.

1. 샤먼 바위
2. 악기를 연주하며 노래하는 사람들
3. '오물' 요리
4. 후지르 마을 '세르게'

후지르 마을에서의 아침 산책과 이르쿠츠크로 돌아오는 길

한밤중에 요란하게 천둥 번개가 치고 비가 많이 내렸다. 몽골 테를지 공원에서도 그랬었다.

비가 갠 날 아침은 하늘이 눈부시게 아름다워 산책하기 최고로 좋다. 기온도 선선했다. 아내와 아침 산책길을 나선다. 새로운 곳에 도착해 이렇게 주위를 둘러보면서 걷는 것을 좋아하고 즐겨 한다. 잠에서 깨어나는 대지의 부드러운 공기가 따뜻하게 피부를 감싼다. 평화로운 마을에서 편안함이 느껴진다. 바이칼을 품은 아름다운 마을이 인도의 어느 마을처럼 느껴지는 이유가 무엇일까? 풍경이 많이 닮았다.

후지르 마을의 남북을 관통하는 중앙 대로인 '바이칼스카야'는 막힘없이 넓고 시원하게 펼쳐져서 좋다. 서부 영화에 나오는 거리는 흙먼지만 휘날리는 황량함이 있는데 이곳은 마을 끝에 바이칼 호수가 보여서인지 차분하고 조용하며 아름답다. 저 멀리 푸른 나무가 울창한 산이 어깨를 나란히 하고 있다. 사방 어디를 둘러보아도 인간이 만들어 내는 오염 물질을 뿜는 굴뚝이 없어서 좋다.

올혼 섬에는 1,500명의 사람이 살고 있다. 그중 후지르 마을에는 1,200명이 살고 있다. 인구 밀도를 생각하면 부러운 마을이다. 야트막한 언덕길을 가볍게 산책하듯이 쉬엄쉬엄 감탄하면서 오른다. 후지

르 마을이 한눈에 보이고 수평선이 있는 바이칼 호수가 시야에 들어온다.

후지르의 아침 산책은 기대 이상으로 좋았다. 테를지와는 또 다른 감동을 주었다. 저 수평선이 호수라니. 상상하거나 사진으로 보았던 것보다 훨씬 더 넓고 멋지고 아름다웠다.

갈매기들의 여유로운 비상이 조나단을 떠올리게 한다. 높이 나는 새는 모르겠지만 사람은 멀리 보게 되면 희미하게 보인다. 바람이 세다. 이곳의 겨울은 엄청 춥겠지. 단단한 동토의 땅을 뚫고 올라온 풀과 꽃들의 강인한 생명력에 아낌없는 박수를 보낸다. 끝까지 살아남는 것이 강한 것이다.

이른 아침인데 저 멀리 세르게(신목)에 벌써 많은 사람들이 모여 있다. 하늘과 땅의 연결 통로라는 믿음이 놀랍다. 자신의 소원 색깔 리본을 묶고 동전과 쌀을 놓아두면서 간절하게 소원의 기도를 드린다. 시베리아의 기운이 바이칼 호수에 모였다고 한다. 올혼 섬은 샤머니즘의 고향이며 메카이고 성지라고 굳게 믿고 있다. 요즘 사람들은 사람과의 소통하기 위해 기지국의 철탑을 세운다. 어느 것이 현명한 일일까?

신에게는 언제 어디서든지 기도를 할 수 있다. 인간과의 소통은 제한이 있다. 결론적으로 신은 물론이고 사람과의 관계에도 불통보다는 소통이 중요하다. 아니, 소통보다는 융통이 올바른 단어이다.

자연적인 존재와 직접 소통하는 샤먼을 중심으로 하는 종교나 주술적인 행위는 나약한 인간의 존재를 깨닫고 신을 찾아 의지하는 행위라고 생각한다. 가끔 이런 생각으로 궁금해한다. 소원이 이루어지

1

2 3

1. 전쟁기념비

2. 후지르 마을의 노점상

3. 건조 중인 오물

4. 아내와 함께한 아침 산책

4

면 신이 그 기도를 들어서일까? 아니면 간절함에 따른 노력의 결실 때문일까?

혹한의 추위를 견디어 내고 동토의 땅을 뚫고 올라온 야생초를 한동안 바라본다. 생명의 경이로움을 여기에서 본다. 살아 있는 것은 무엇이든지 일어서려고 하는 것 같다. 생명체가 있는 것은 누구나 자유를 갈망한다.

전쟁이란 무엇인가? 전쟁을 왜 굳이 해야만 하는가? 요즘 북한의 핵실험으로 온 나라와 세계가 어수선하다. 전쟁터를 향하여 떠나는 남자와 그를 바라보는 가족의 애틋하고 슬픈 마음이 짠하게 전해진다. 아마도 젊은 남자의 어머니와 아내와 아이인 것 같다.

전쟁터에 갔다가 돌아오지 못한 이들의 이름이 전쟁기념비에 새겨져 있다. 후지르 마을에도 전쟁의 피해는 비껴가지 않았나 보다. 제발 살아서 돌아오기만을 얼마나 기도하면서 기다리고 있었을까?

전쟁은 왜 할까? 왜 무고한 국민들이 아까운 목숨을 잃어야 하는가? 사랑하는 사람을 지금 볼 수 없는 것은 슬픈 일이다. 전쟁이 없는 세상을 소망한다.

내가 좋아하는 것의 첫 번째는 여행이고, 두 번째는 토요일, 주일 아침에 집 앞에 있는 고성산(482m)을 등산하는 것이며, 세 번째는 좋아하는 사람과 맛있는 것을 먹는 것이다.

새로운 장소와 새로운 환경, 그리고 새로운 도전을 해 보면서 이뤄 내는 성취감도 기분 좋은 일이다. 내가 앞으로 어떻게 사는 것이 보람된 삶인지를 알 수 있고 자신에게 도전이 되는 여행이 좋다. 자연의 섭리대로, 인생의 순리대로, 있는 그대로를 즐길 수 있는 마음의 여유가 있었으면 좋겠다.

도시에서 느껴지는 감흥과 달리 자연 속에서 걸으면서 떠오르는 생각들을 좋아한다.

가슴을 활짝 열고 맑고 신선한 공기를 가득 들이켜 본다. 모든 것이 평화롭고 좋다. 새삼 이곳에 있다는 것이 참 감사하다.

운전기사의 거침없는 무한 질주 덕분에 20분을 단축시켜 선착장에 도착했다. 길게 늘어선 승용차 옆으로 관광객을 태운 미니버스들이 추월하여 앞에 선다. 한바탕 소란이 일어났다. 먼저 기다리고 있던 아주머니들이 나서서 부당함에 대하여 경찰에게 항의를 하고 있다. 역시 어느 나라에서든 아주머니들이 용감하고 문제의 해결을 위해 앞장선다. 평소에 피를 보고 칼을 가지고 요리해서 용감한 듯하다. 결국은 번갈아 페리에 오른다.

우리가 타고 온 차에 대기 순서를 보니 한 시간은 기다려야 할 것 같다. 여유를 가지고 우선 바이칼 호수로 걸어간다.

호수 주변에 있는 대부분의 사람들은 물과 함께하면 물장구를 치면서 즐거워하는 것 같다. 엄마 배 속에서의 편안함과 좋았던 기억이 떠올라서일까? 마음의 고향 같은 느낌을 느껴서인가 보다.

시베리아의 좋은 기운이 바이칼 호수에 모여 있다고 한다. 투명도가 42m라고 하더니 물이 깨끗하고 맑고 차다. 앞으로 잘 보존되었으면 좋겠다. 1시간을 기다리는 동안 바이칼 호수에 손도 씻고 물을 맛보니 짜지가 않다. 역시 바다는 아니다. 호수인데도 잔잔한 파도 소리가 꽃처럼 화사하게 피어나는 느낌이다.

　세계 민물의 20%의 담수량을 가졌다는 바이칼 호수가 눈앞에 시원하게 펼쳐진다. 2014년 19대 대통령 후보 허경영 씨의 대선 공약이 생각난다. 그때는 좀 허황됐는데 기억이 나서 검색하여 다시 읽어 보니 몇 가지를 보면서 미소가 지어진다.

　1. 바이칼 호수의 맑은 물을 서울시에 공급한다.
　2. 몽골과 국가 연합을 한다.

　그는 바이칼 호수와 몽골을 가 보았을까?

　효준이, 효은이의 기념품을 구입하고 느긋하게 기다려 본다. 바이칼 호수를 바라보는 사람. 수영복으로 갈아입고 바이칼 호수에서 수영하는 사람. 2살의 마리아와 놀기도 하고, 멋진 두 청년의 라이딩 포즈도 촬영하고, 늘씬한 비키니의 엄마와 벌거숭이 아들이 물장구치고 노는 모습도 본다.

많은 사람들이 자기만의 방식으로 시간을 보내고 있다. 인생도 이와 같지 않을까? 틀림이 아니라 다름을 인정하고 존중해야 한다. 그것이 지혜롭게 사는 것 같다.

오래전에 유행했었던 게임 '테트리스'를 러시아에서 만들었다. 첫 화면에 멋진 건물이 나오는데 그것이 성 바실리 성당이다. 게임처럼 페리 호에 차를 빈틈없이 차곡차곡 채워 넣는다. 미처 내리지 못하면 꼼짝없이 차 안에 있어야 한다.

17시간의 오고 가는 긴 이동 거리와 시간에 비하면 1박 2일이 시간상 조금 아쉽지만 최선의 선택이라 생각하고 만족한다. 긴 여운의 감동으로 오랫동안 마음 한 편에 남으리라.

여행 TIP

1. 후지르 마을에서 이르쿠츠크로 오는 미니버스를 호스텔에서 무료로 예약하고 숙소에서 탈 수 있다. 단, 니키타 하우스는 수수료를 받는다.
2. 관광객이 많이 찾아가는 식당보다는 호스텔 안주인에게 물어서 현지인의 식당을 찾는 것도 좋은 경험이 된다.
3. 북부 투어도 좋지만 후지르 마을에서 산책하면서 느끼는 것도 좋을 듯하다.

4. 앙가라 강이 흐르는 이르쿠츠크

저녁 노을은 또 다른 빛으로 다가온다

돌아갈 곳이 있다는 것은 좋은 일이다. 언젠가 이 세상을 떠날 때 미소 지으며 본향으로 돌아갈 것이다. 여행을 다니는 것도 돌아갈 집이 있기에 마음이 든든하다. 그곳에 사랑하는 사람이 있으면 금상첨화이다. 내가 만난 유럽 여행자들처럼 1년에 6개월은 한국에서, 나머지 6개월은 여행하면서 살면 좋겠다.

푸른 진주 바이칼 호수를 마지막으로 마음 깊숙한 곳에 담아둔다. 이곳의 산들은 벌거숭이다. 우리나라도 1960년대 전까지 나무를 땔감으로 사용했었기에 민둥산이었다. 지금은 푸르른 초록의 산들이 볼수록 신기하고 아름답다.

아침 9시 30분 후지르 마을 호스텔 앞에서 에어컨이 안 나오는 12인승 승합차를 타고 출발해서 이르쿠츠크 버스 정류장에 도착한 시간이 오후 4시 30분이다. 멀기는 멀다. 불편하고 더웠지만 무사히 잘 도착했다. 중앙 시장에서 여러 과일을 구입하고 호스텔로 돌아왔다.

하루 머물렀던 곳에 다시 돌아오니 집에 돌아온 듯이 편하다. 미소가 예쁜 매니저가 친절하게 우리를 반긴다. 따뜻한 물로 샤워를 하고 잠시 휴식한 뒤 길을 나선다.

석조 건물들이 고풍스럽고 하나하나가 멋스럽고 시선이 머물러진다. 간판들도 작지만 개성 있고 예술적이다. 획일적이고 큰 우리의 간판과는 비교된다. 유럽 여행할 때 느낀 점을 다시 생각한다. 우리나라는 왜 저렇게 안 될까? 예술적인 그림이 그려진 트램 버스들이 지나가고 있다.

길에서 유쾌한 매니저를 알아보고 반갑게 인사를 했다. 그녀는 여행이 어땠냐면서 상냥하게 묻는다. 가족들은 어떻게 잘 알아보는지 매번 내가 신기하단다. 나에게는 한 번 본 사람과 거리는 잘 알아보고 기억하는 달란트가 있다.

이틀 전에 외식을 하려다가 빈자리가 없어서 못 했던 레스토랑 'AHTPEKOT'로 간다. 매니저가 맛집으로 소개해 준 곳이다. 집을 떠나 처음으로 분위기 있는 레스토랑에서 여러 가지 요리를 맛나게 먹었다. 아삭한 오이 무침이 입맛을 돋운다. 아내가 오이무침이 깔끔하여 입에 맞다면서 웨이터에게 조금만 더 달라고 했다. 그런데 한참을 기다려도 나오지 않는다. 예감이 좋지 않다. 역시 예상대로 조그마한 접시에 요리를 해서 나왔다. 평소에 먹는 오이의 10배 가격으로 계산서 제일 밑에 떡하니 적혀 있었다.

외국인이 우리나라 식당에 오면 세 번 크게 놀란다고 한다. 첫 번째는 물과 커피가 무료로 제공되어서 놀란다. 두 번째는 주문한 메인 요리 외의 반찬 가지 수에 놀란다. 세 번째로 필요하면 얼마든지 더 달

1. 이르쿠츠크 쇼핑몰
2. 해질녘 이르쿠츠크 거리 모습
3. 이르쿠츠크 야경
4. 꺼지지 않는 불꽃
5. 전사자들의 사진
6. 그리스도 정교회 성당

라고 말하는 주인의 친절한 말에 꽈다당.

아무튼 맛난 식사를 여유 있게 하고 나오니 9시가 넘었다. 거리는 멋지게 은은한 파스텔 톤의 색으로 변하고 있었다. 백야가 7월에 끝났다고 하지만 아직은 해가 빨리 지지 않는가 보다. 여행자에게 낮이 길다는 것은 조금 더 볼 수 있다는 것이기 때문에 기분 좋은 경험이 된다.

전쟁을 많이 겪은 나라여서 도시마다 전쟁에 관련된 동상이 많다. 블라디보스토크에도 전쟁으로 생명을 바친 호국 영령들의 넋을 기리는, 꺼지지 않는 불꽃이 있다. 나라가 잊지 않고 기억하는 것은 매우 바람직한 일이다. 이곳에는 전사한 수백 명의 사진도 함께 가득 전시되어 있다. 고인들의 명복을 빌었다. 세계에 다시는 전쟁이 일어나지 않기를 바란다.

바이칼 호수에서 흘러나온 앙가라 강의 물살이 생각보다 빠르다. 강 주변에는 산책하는 사람들과 데이트하는 연인들이 보인다. 사랑을 하는 사람을 보는 것은 신선하고 기분 좋은 일이다. 애정표현도 지나치지 않다면 예쁘게 보인다.

걷다 보니 11시가 넘어가고 있었다. 숙소까지 걸어가려면 1시간은 족히 걸릴 것 같다. 다시 걸어가기에는 피곤하여 지나가는 택시를 타고 호스텔 가까이에 있는 24시간 슈퍼마켓으로 왔다. 1시간 전부터 화장실에 가고 싶었다. 슈퍼마켓에서 볼일을 보려고 생각하고 매니저에게 물으니 이곳에는 화장실이 없단다.

'헐, 우째 이런 일이. 이럴 수가 있나?'

마침 계산대에 있던 중년 아저씨 한 사람이 한 블럭을 지나면 중국

레스토랑이 있는데 그곳을 안내해 주겠단다. 두 사람이 앞장을 서는데 밤거리라서 약간 걱정이 되어 몇 마디 이야기를 건네 보았다. 다행히 한국에 대해 호감을 가지고 있고 사람들이 좋아 보여서 안심하고 따라갔다. 덕분에 시원하게 해결할 수가 있었다. 어디에나 화장실이 있는 우리나라가 좋다.

여행 TIP

1. 레스토랑에서는 작은 반찬이라도 공짜로 주는 요리는 없다.
2. 러시아는 교통비가 비교적 저렴하기 때문에 4명일 때는 택시를 타는 것이 경제적이고 편리하다.
3. 24시간 슈퍼마켓에도 화장실이 없는 곳이 있다는 것을 염두에 두자.

8월 1일 월요일 맑음

올혼 섬 ⇒ 이르쿠츠크 12인승 봉고차 비용 3,200루블
휴게소 점심 405루블
중앙 시장 525루블(포도150루블, 천도 복숭아 100루블, 베리 200루블, 토마토, 오이 75루블)
레스토랑 'AHTPEKOT' 저녁 식사 2,920루블
24시 슈퍼마켓 811루블

5. 3박 4일의 시베리아 횡단 기차

주어진 시간은 소중하다

시베리아 횡단 1호 기차는 역시 달랐다. 이르쿠츠크에서 모스크바까지 76시간 38분으로 제일 빨리 도착하며 처음 탄 기차보다 시설도 훨씬 좋다. 열차 번호가 많을수록 시간이 오래 걸린다. 100번대는 100시간을 넘게 달려야 한다.

호스텔에서 새벽 5시 15분에 콜택시를 타고 앙가라 강을 건너 이르쿠츠크 역에 도착했다. 새벽 여명의 파스텔 색감이 아름답게 자리하고 있다. 이 도시는 불빛이 훨씬 멋스러웠다.

기다리면서 전형적인 배낭여행자의 모습이 반가워 한참을 바라본다. 크고 묵직한 배낭을 메고 다니는 모습을 보면서 오래전의 나를 본다. 무소의 뿔처럼 혼자 가는 자가 용감하고 늠름해 보인다. 현재 나는 사랑하는 가족과 여행 중이다.

우리가 예약한 자리에 오니 안 그래도 땀이 흐르는데 좁고 덥고 답답하다. 차장에게 창문이 안 열린다고 말하니 출발하면 에어컨이 가

동된단다. 그 소리가 얼마나 반갑던지. 에어컨이 없었다면 3박 4일 동안 덥고 습해서 조금은 힘들었을 것이다. 예약할 때 요금을 지불했었던 하얀 이불, 베개, 시트와 수건을 가져다주고 역시 주의 사항을 말해 주었다.

출발한 지 1시간 후부터 비가 내렸다. 오랫동안 많은 빗방울이 창밖을 두드렸다. 이런 절묘한 타이밍이라니. 덜컹이는 기차 소리와 빗소리의 어우러짐이 좋다. 소박한 마을 풍경이 친근하게 내 마음에 가득 들어온다. 정겹고 친근감이 드는, 사람 사는 냄새가 물씬 풍기는 3등실의 모습이다.

기차 안이 의외로 조용하다. 한국처럼 여기저기 벨소리가 전혀 들리지 않는다. 심지어는 전화 통화 소리도 못 들었던 것 같다. 일단 소음에 신경을 쓰지 않아서 마음에 든다. 건너편에 앉은 커플은 오랜 시간을 조용하게 이야기를 나눈다. 대부분의 사람들이 카드게임, 글자 맞추기를 하거나 독서, 음악 감상을 하다가 때가 되면 먹고, 자고, 휴대 전화를 본다. 그래서 편안하고 좋다.

몇 시간에 한 번씩 정차하는 시간이 기다려지고 반갑다. 매점이 없는 곳에는 현지인들이 나와서 먹거리를 판다. 대부분 연세가 많으신 할머니인데 말이 안 통해서 손짓과 몸짓으로 한다. 먹는 것만 사 먹게 되는데 맞은편에 앉은 할머니께서 훈제된 생선을 맛나게 드신다. 다음에 사 먹어야겠다. 이름이 무엇이고 어떤 맛일까?

그리고 경찰이나 군인들이 지나가게 되면 왠지 모르게 긴장하게 된다. 여기가 러시아이기도 하거니와 외국인에게는 거주지 등록증이 필요하지만 우리는 오래 머물지 않기 때문에 필요 없다고 해서 만들지 않았기 때문이기도 했다. 여행하면서 경찰과 부딪힌 적은 없었다. 올혼 섬 선착장에서 경찰들과 김정은 이야기도 했다. 한국에서 왔다고 하니 손가락으로 'LOVE' 표시도 해서 의외였다.

노을이 아름답다. 비가 내린 후라 공기가 맑아서 더욱 그러리라. 9시가 넘어서야 해가 서서히 사라지므로 오랫동안 창밖을 바라본다.

1992년도에 유레일 1등석 3개월 패스로 유럽을 말 그대로 종횡무진 했었다. 일주일에 5일을 야간 기차로 국경을 넘나들며 하루 종일 걸어 다녔다. 자고 나면 새로운 나라, 새로운 도시를 걸으면서 여행하는 것이 너무 좋아 힘들다고 생각해 본 적이 없었다. 토요일은 유스호스텔에서 자면서 밀린 빨래를 하고 음식을 해 먹으며 몸과 마음을 충전했었다.

혼자서 배낭 메고 세계 여행을 할 때가 자유롭고 좋아서 그립고 가끔 생각난다. 그때 이후로 처음으로 이렇게 오랫동안 여행을 한다. 신기한 일이다. 하루 종일 시베리아 횡단 기차 안에서 생활을 하는데도 지루하다는 생각이 들지 않는다. 내가 여행을 진짜 좋아하는가 보다.

현재 나에게 주어진 이 시간들의 모든 것들이 감사하다. 귀국해서 가끔 떠올리며 그리워할 너무나 소중한 시간들이기 때문이리라.

시베리아의 노을은 장엄하다. 천천히 아주 천천히 하늘과 대지를 물들이고 있다. 밤은 모두를 잠재우는 신비로운 마법을 가지고 있다. 특히 여행하는 여행자의 눈으로 보는 밤은 여러 가지 상념에 젖게 만든다. 가슴 한 편에 둔 채 잊고 있었던 많은 기억들이 신기하게도 하나하나 떠올랐다가 사라진다. 창밖에 스쳐 지나가는 아스라한 풍광들처럼.

내가 탄 객차에서 현지인들의 일상생활을 느껴 본다. 오늘도 어김없이 귀여운 꼬마가 눈길을 끈다. 과자 하나에 관심 끌기를 성공했다. 손에 들고 있는 초콜릿을 달라고 하니 주저함 없이 주는 모습이 예쁘다.

1호차는 정차 전후 30분 동안에도 화장실을 사용할 수 있어서 좋다. 깨끗하고 냄새도 덜 난다. 수도꼭지도 지난번 기차보다 편하고, 변기 커버 종이도 있고, 손 닦는 두터운 종이도 있다. 방향제도 놓여 있다.

3일 동안 많은 사람들이 정해진 시간만큼 머물렀다가 내린다. 내가 살아가는 동안 얼마나 많은 인연들이 나와 관계를 맺고 있을까? 그 많은 인연들 중에 몇 사람이 내가 세상을 떠날 때까지 함께 연락하면서 지낼까?

기차의 등급에 따라서 7일에서 10일이 걸리는 장거리 노선이라 중간역에 정차하는 시간이 다 다르기 때문에 시간표는 대단히 중요하다.

오래전에 태국을 장거리 버스로 여행할 때였다. 휴게소에서 화장실을 다녀오고 나니 내가 타고 온 버스가 없어졌다. 어떤 청년이 떠났다고 하면서 자기의 오토바이 뒷좌석에 앉으라 한 뒤에 고속 질주하여 다음 휴게소까지 태워 준 일이 있었다. 버스에 탄 일행이 버스 기사에게 내가 안 탔다고 소리를 쳤는데도 불구하고 그 버스는 떠났다고 한다.

정차하는 러시아 역들이 크고 작음에 차이는 있을지라도 획일적이지 않고 하나같이 멋지고 아름답다. 외향도 품위가 있는 건축 작품들이고 내부도 다양한 천장화와 벽화와 조각들이 있다. 예술을 사랑하는 사람들과 나라는 격이 달라 보인다.

한국에서 가지고 간 전투 식량을 먹는 속도가 느려지기 시작한다. 몇 시간 만에 잠시 정차하는 역에서 먹거리를 사는 것이 기다려진다. 기분 좋은 일이다. 기차 여행에서 먹는 즐거움을 빼놓을 수가 없다. 먹거리가 다양하지는 않지만 우리의 입맛에도 어색함이 없어 맛있게 잘 먹는다.

하얀 수피가 매력적인 자작나무들의 행렬을 원 없이 보았다. 황량한 겨울 들판에서 나란히 따라오는 신비로운 자작나무들은 보는 것은 감동 그 자체이다. 시베리아와 절묘하게 조화를 이루고 있다. 무소의 뿔처럼 홀로 서 있어도, 군락을 이루어도, 나름대로 운치 있어 보기 좋다.

하루에 한 번 정도는 대도시 기차역에서 30분 정도 정차한다. 열차의 안정성을 점검하고 필요한 것을 보충하기도 하며 열차가 분리되거나 합쳐지기도 한다. 우리는 커다란 슈퍼마켓을 향해 즐겁게 달려간다. 다양한 먹거리들을 구입하여 손에 큰 보따리를 들고서는 뿌듯해하며 기차에 오른다. 한동안 우리는 행복해진다.

내가 가져간 멀티탭이 3박 4일 동안 객차 내에서 인기 만점이다. 대부분 스마트폰과 노트북으로 시간을 보내는 사람들이라서 충전은 필수다. 현지인들이 나에게 미소를 띠며 고마워하고 충전한다.

「언제나 응원하고 지지하는 거 알죠? 정답은 없는 게 인생이잖아요. 모두 건강하고 재미있게 자알 다녀오셔요.」

처남댁이 보내준 카카오톡이다. 그렇다. 세상살이에는 누가 옳고 그름을 판단할 만한 정답이 없다. 현재의 순간이 비록 힘들고 어렵더라도 살아 있고 살아가고 있다는 것에 감사한다. 오늘 하루가 소중하다. 살아가다보면 언젠가는 하늘을 보면서 활짝 웃을 날이 올 것이다. 끝까지 살아남는 것이 승리하는 것이다.

여행 TIP

1. 시베리아 횡단 기차 여행이 생각보다 힘들지 않다.
2. 전투 식량과 컵라면을 너무 많이 사 가지고 가지 말자.
3. 햇반을 가지고 가지 않았었는데 가져가자. 가끔 우리나라 밥이 먹고 싶을 때가 있다.
4. 보리차나 둥굴레차가 러시아 홍차보다 속이 편해서 많이 마시게 된다.
5. 정차 시간표를 잘 알아보고, 판매하는 다양한 먹거리들을 경험하며 맛보자.
6. 멀티탭, 골프공, 물이 필요 없는 샴푸를 가져가면 편리하다.
7. 한 도시에 5일 이상 머무르지 않으면 거주지 등록증이 필요 없다.

8월 2일 화요일 맑음

호스텔 ⇒ 이르쿠츠크 기차 역 콜택시 150루블

시베리아 횡단 기차의 시발점, 모스크바에 도착하다

우연한 만남은 예기치 않은 곳에서 찾아온다. 대부분 그냥 스쳐가는 만남이다.

아침 5시, 기차가 정차하는데 날이 서서히 밝아온다. 기차 밖으로 나와 스트레칭을 하면서 가볍게 몸을 풀고 아침 해를 맞이한다. 나는 전형적인 아침형 인간이다.

베티를 만났다. 그녀는 독일 함부르크에 살고 있고 친구와 여행 중이다. 처음에는 가볍게 인사하는 사이였다.

그녀들이 가지고 온 론리플래닛의 시베리아 횡단 기차 가이드북을 보고 우리가 가져온 같은 책을 보여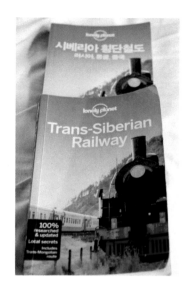
주면서 더욱 친해졌다. 몽골에 비슷
한 날짜에 있었다. 이러한 만남이 여
행을 풍성하게 하며 유쾌하게 한다.
3등실의 장점이다. 내 블로그의 사진
들을 보더니 훌륭한 사진작가라며
엄지를 척 올린다. 멀티탭을 사용할
때마다 그런다. 이메일 주소를 주고
받으며 사진을 보내 주기로 했다.

모스크바 역에 도착하고 아마도
한 번 더 만날 것 같다면서 서로 이
야기하고 작별인사를 했다. 그런데 6일 후 상트페테르부르크 에르미
타주 박물관에서 진짜 반갑게 다시 만났다.

아내와 효준이, 효은이가 깊은 잠에 빠졌다. 모포를 바르게 덮어 준
다. 한밤중과 새벽에는 서늘한 기온이라 흰 시트 위 따뜻하고 부드러
운 모포가 안온하다.

대부분 초원과 마을을 지나는데 가끔 넓은 강을 건널 때가 있다.
어느 바다에서 하나가 되어 만날까? 한국과는 5시간 시차가 있고 모
스크바와는 1시간으로 좁혀졌다. 이제 이중으로 시간 계산을 하지 않
아도 된다.

매점에서 먹거리를 구입하는데 갑자기 기관차가 앞으로 가는 것을
보고 깜짝 놀랐다. 아직 15분이 남았는데. 기관차 교체하는 것을 신
기하게 본다. 수십 량의 객차를 움직이는 원동력이 뭘까? 처음이 힘들

1. 시베리아 횡단 기차를 3박 4일 동안 같이 탄 독일 아가씨와 기차의 모습
2. 에메랄드색 건물인 노보시비르스크역

지, 탄력을 받으면 그 추진력으로 힘차게 나아간다. 인생도 비슷하다.

여행은 인생의 함축적인 축소판의 여정이다. 지금 이곳이 아무리 마음에 들고 좋아도 떠나야 하며 추억만 가슴에 담아두고 길을 나서야 한다. 하루하루 최선을 다해 살아가지만 아니다 싶으면 내려놓아야 마음이 편하다.

사랑하는 사람과 헤어짐은 가슴이 아리는 아픔이다. 연인은 이별의 아쉬운 감정을 추스르고 있다. 눈물을 훔치며 한동안 서로 그리워할 것이다. 떠나는 이와 보내는 이의 슬픔이 전해진다. 그런데 나의 눈에는 연인의 모습이 예쁘게만 보이는 이유가 뭘까?

'좋을 때다. 너희들은 지금 마음이 아프겠지만……'

기차역은 만남의 반가운 환호성이 있고 이별의 애절한 눈물이 존재한다. 러시아인들은 사랑하는 감정 표현이 솔직하고 주위를 의식하지 않는다. 손잡고 걷는 연인, 어디서나 키스하며 서로를 바라보는 눈길이 아름답고 보기 좋다.

오랫동안 의자에 앉아서 풍경을 한없이 바라본다. 때로는 자리에 누워서 보는 하늘이 또 다른 모습으로 눈에 가득 담겨진다. 이 소중한 시간들을 마음껏 즐기리라.

우리 가족은 껌딱지처럼 늘 붙어 다닌다. 효준이가 블라디보스토크에서 유심 칩을 바꾸고 '포켓몬GO'가 된다고 좋아했다. 여행을 떠나기 전에 '포켓몬GO'를 하겠다고 속초가 난리 났다는 뉴스를 보았다. 효준이는 열심히 '포켓몬GO'를 하느라 신이 나서 떨어져 있는데 결코 내 시야를 벗어날 수는 없다. 여행 내내 수백 마리는 잡았다는데 잡

아서 어디에 사용할 것인지? 포켓몬GO를 잡는 시간에 여행을 제대로 즐기고 집중하면 더 좋을 텐데 하는 아쉬움이 크다.

한나절 함께한 맞은편 노부부의 정겹고 소박한 모습이 훈훈하다. 위 칸에는 손자에게 선물로 줄 유모차가 자리를 다 차지했다. 아래 칸에서 할아버지는 앉아서 주무시고 할머니는 할아버지 다리를 베개 삼아 단잠을 주무셨다. 점심 식사 시간에는 식탁보를 펼치고 맛나게 드셨다. 두터운 요를 접어 3층 칸에 올릴 때 도와드리니 고마워하신다. 도착해서 아들, 며느리, 손주들을 보시고 환한 웃음을 지으며 손을 흔든다. 주는 할아버지, 할머니도, 받는 아들, 손자도 다 행복해한다.

내릴 사람은 내리고 탈 사람은 타고 기차는 다시 달리기 시작한다. 서서히 아름답게 노을이 지고 있다. 단조로운 일상인데 하루해가 금방이다.

내일 오전 6시에 드디어 시베리아 횡단 기차의 시작 역이며 러시아의 수도인 모스크바에 도착한다. 모스크바 3박 4일, 상트페테르부르크 3박 4일의 일정이 남았음에도 마음으로는 여행 막바지의 편안함이 있다. 이제 매일 새로운 장소로 이동하지 않고 두 군데에서 머물며 여행하기 때문일 것이다.

지금까지 여행 잘해 온 것이 다 하나님의 사랑이고 은혜다. 우리의 인생처럼.

푸른 하늘과 흰 구름의 조화가 환상적이며 햇살이 쨍쨍하다. 그러다가 다음 날은 비가 내린다. 비는 러시아도 같구나. 내린 비는 어느 곳에는 흘러가고 어느 곳에는 고인다. 결국에는 마찬가지다. 이곳 사람들도 웬만한 비는 우산 없이 그냥 맞는다.

날씨의 변화가 다양하다. 비가 오면 오는 대로, 맑으면 맑은 대로, 안개 끼면 안개 긴 대로 다 좋다. 인생에서 일어나는 일들도 날씨와 비슷하다.

어쩌면 단조로워서 지루하고 따분할 것 같은 기차 여행이지만 그렇지 않다. 이대로라면 지구 한 바퀴를 기차 타고 다녀도 되겠다. 어디 그런 기차가 없을까?

우연일까? 요즘 기차를 배경으로 한 영화가 많이 개봉된다. '설국열차'를 시작으로 '밀정', '부산행', '서울역' 또 뭐가 있었지?

내일이면 모스크바에 도착한다고 생각하니 아쉽고 섭섭한 이 느낌은 뭘까. 때로는 숨을 고르는 시간들이 필요하다. 해가 지고 달이 뜨는 시간들을 온전히 바라볼 수 있다는 사실이 감사하고 행복하다.

여행을 좋아하는 사람이라면 꿈꾸는 버킷리스트의 목록에 꼭 들어 있는 시베리아 횡단 기차. 일생일대의 소중한 체험이 될 가족 여행의 시베리아 횡단 철도 여행을 무사히 잘 마쳤다.

시베리아 횡단 철도는 올해가 100년이 되는 해라고 한다. 차르 시대의 상징이며 총 길이 9,288㎞이다. 우리의 삶도 짧은 순간이기는 하지만 길고 긴 여행이다. 오늘도 나와 우리 가족의 시간이 흐르고 있으며 여행지에서 아름다운 추억을 만들어 가고 있다.

약간 쌀쌀한 아침 6시, 모스크바 역에 내렸을 때 모두들 분주하게 빠져나갔다. 건너편 좌석에 앉았던 아주머니에게 호스텔의 주소를 알려 주고 어떻게 찾아가면 되는지 물었다. 아주머니께서는 친절하게 어딘가에 전화해서 위치를 묻고 택시를 불러 주었다. 감사의 인사를 하고 손을 흔든다. 이래서 우리는 사람을 대할 때 함부로 대하면 안 된다. 언제 어떻게 다시 만나고 도움을 청할지 모르기 때문이다. 길거리에서 타는 택시 요금이나, 저렴하다는 얀덱스 택시보다 현지인이 불러준 택시 요금은 더 저렴했다.

여행 TIP

1. 모스크바 도착하기 하루 전에는 대부분 한밤중에 정차하니 낮에 먹거리를 구입하자.
2. 기차 안에서 남에게 눈살을 찌푸리게 하는 행동은 하지 말자. 또한 그런 사람들을 보더라도 노골적으로 싫은 얼굴은 보이지 말자.
3. 모스크바 역의 주차장에 정차한 요금 100루블을 내가 내야 한다. 아니면 주차장에 들어오지 않고 바깥에서 기다렸다가 타면 된다.
4. 여름이라도 모스크바의 아침 날씨가 쌀쌀하다. 미리 긴 옷을 챙겨 두자.

8월 3일 수요일 비

노보리스크 역 매점 400루블(햄버거 150루블, 세븐업 100루블, 피자 100루블, 빵 50루블)
슈퍼마켓 655루블

8월 4일 목요일 맑음

매점 435루블(피자 125루블, 아이스크림 80루블, 닭 염통 150루블, 칠리 소스 비비맥스 40루블, 피자빵 40루블)

6

유럽의 러시아

Ⅰ. 러시아의 수도 모스크바

예술과 젊음이 가득한 곳, 아르바트 거리

드디어 블라디보스토크에서 출발한 시베리아 횡단 기차가 모스크바에 도착했다. 기차 여행은 다른 교통수단에 비하면 편한 것 같다. 생각보다 힘들지는 않았다. 모스크바에는 모스크바 역이 없고 지역에 따라 9개가 나뉘어져 있다. 출발점은 야로슬라브 역이다.

3개월 동안 인도 일주를 한 기억이 난다. 인도는 세계 면적 7위로 남한의 32배 넓은 나라여서 장거리 기차를 자주 이용했었다. 러시아 기차와 비교하면 하늘과 땅 차이다. 인도 기차를 타고 여행을 했다면 세계 어느 나라를 여행해도 크게 어려움이 없을 것이다. 그 정도로 모든 면에서 최악이었다. 러시아 기차 시간의 정확성, 기차 내의 안전성, 편리성과 청결성에 아낌없는 박수를 보낸다.

모스크바는 12세기 중반 유리 돌고루키가 보로비츠키 언덕 꼭대기에 최초의 크렘린 궁전을 건설하면서 시작되었다. 13세기에는 몽골군이 도시 전체를 모두 불태웠다. 1712년 표트르 1세가 상트페테르부르크로 수도를 이전하였다. 1917년 볼셰비키의 혁명으로 정권을 잡은 후 상트페테르부르크에서 모스크바로 수도가 바뀌었다. 1991년 가장 극적인 정치적 변화의 중심에 있던 보리스 엘친이 기억난다.

호스텔 담장에 있는 나팔꽃이 반갑다. 러시아 사람들은 꽃을 사랑한다고 한다. 가정을 방문할 때 홀수의 꽃 선물을 최고로 좋아한다고 한다.

호스텔에 도착한 시간은 아침 7시. 초인종을 눌러도 인기척이 없다. 전화를 해도 받지를 않는다. 이른 아침이라서 그런가 보다. 한참 후에야 중국 관광객인 아가씨가 문을 열어 준다. (친절한 아가씨가 영어까지 유창하다. 매니저에게 연락해 주었고 3시간 후 아르바트 거리에서 반갑게 만났다.)

매니저는 졸린 눈을 비비면서 한참 후에 나타났다. 우리의 체크인 시간이 오후 1시인데 지금 우리가 숙박할 방에 다른 사람이 머물고 있으니 1시에 오라고 한다. 그러다가 다시 12시 30분에 도착했더니 지금 그 방에 아이가 있는 다른 사람들이 있는데 다른 방으로 옮기면 안 되겠냐고 묻는다. 도미토리라서 우리 가족만 있고 싶고 방도 작아서 그러고 싶지 않다고 했다.

짐을 맡긴 뒤 지도를 얻고 씨티 은행의 위치를 파악해 거리에 나섰다. 파란색의 씨티 은행 로고를 보니 반가웠다. 러시아 환율이 하락하는 추세였는데 더 하락되어 여행자 입장에서는 땡큐다. 필리핀에 살면서 주일 예배를 CCF, GCF 현지인 교회에서 드리고 씨티 은행을 찾았던 기억이 새롭다.

모스크바 지도를 펼쳐 보면 박물관이 정말 많다. 박물관이 많다는 것은 그만큼 시민들의 문화 의식 수준이 높다는 것을 의미한다. 시간

이 허락하면 오랫동안 머물면서 다 둘러보고 싶다. 요즘 한 달 동안 다른 도시에 살아 보기가 유행이라는데 진짜 그러고 싶어진다.

서브웨이(Subway)에서 샌드위치와 치즈 빵, 음료수로 아침 식사를 하고 거리를 걸었다. 옆 거리가 예쁘고 아름답다. 가이드북을 찾아보니 모스크바에서 가장 유명하고 아름다운 거리인 아르바트이다. 1,500m 정도 되는 보행자 전용 도로로 예술가의 거리라고도 한다. 건물들이 멋스럽고 우아하고 아름답다.

파란 하늘과 선선한 기온이 아침 산책하기 딱 좋은 날씨다. 우리나라의 인사동과 홍대를 섞어 놓았다고 하는데, 나는 북촌 마을과 유니버설 스튜디오를 더 얹고 싶다. 유럽에 온 듯한 착각이 들 정도로 건물마다 특색 있게 멋스럽고 아름답다. 오고 가는 사람들은 한결같이 배우들이다.

러시아의 대표적인 기념품이자 지방어로 '아줌마'라는 뜻의 마트료시카에는 다양한 그림과 크기가 있다. 까도 까도 계속 나오는 양파처럼 10개가 넘어가면 가격이 엄청 오른다. 오래전에 아버지께서 러시아를 다녀오시며 사 오셨던 기억이 난다.

기념품 가게의 소품들에 하나같이 눈길이 간다. 체스 판을 사고 싶은데 가격을 보고는 마음을 접는다. 배낭여행할 때 많이 했었는데 지금은 어떻게 하는지 기억이 안 난다 하면서.

아르바트 거리에는 바흐탄고프 국립 모스크바 극장이 있다. 황금 동상인 '투란도트 공주의 분수'가 햇살에 빛나고 있다. 1997년 '투란도트' 초연 75주년을 기념하여 세워졌다. 황금으로 빛나는 공주 동상보다는 이곳의 아가씨들이 생동감있고 예쁘다. 아름다운 그녀들이 있

으므로 아르바트 거리가 빛난다. 15세기 기록에도 나오는 거리인 만큼 과거와 현대가 잘 조화된 것이 부럽기만 하다.

러시아인들이 제일 사랑한 록 가수 빅토르 최(1962~1990)의 벽화를 보니 반갑다. 러시아 록앤롤의 최후의 영웅이다. 지금까지도 사랑하는 록 가수라고 한다. 한국을 방문한다는 발표를 한 뒤 의문의 교통사고를 당했다. 그 당시 러시아와 한국의 관계가 좋지 않았다고는 하지만 안타까운 마음이다.

한동안 머무르며 벽화에 사진과 적힌 글들을 보았다. 내가 좋아하는, 나와 동갑내기이며 대구 출신 가수 김광석(1964~1996)이 생각났다. 고성산을 오를 때 김광석의 노래를 즐겨 듣는다. 그의 노래를 들으면 들을수록 노랫말에 공감이 된다. 몇 달 전에 하모니카로 '일어나'를 배웠다.

검은 밤의 가운데 서 있어 한 치 앞도 보이질 않아
어디로 가야 하나 어디에 있을까 둘러봐도 소용없었지
인생이란 강물 위를 뜻 없이 부초처럼 떠다니다가
어느 고요한 호숫가에 닿으면 물과 함께 썩어가겠지
일어나 일어나 다시 한 번 해 보는 거야
일어나 일어나 봄의 새싹들처럼

러시아인들이 제일 사랑한다는 푸시킨의 생가 맞은편에는 푸시킨과 나탈리아 부부의 동상이 있다. 그의 탄생 200주년을 기념하여 세웠다고 한다. 생가도 바로 앞에 있고 가까이에 미술관도 있다. 그의 사랑을 생각하며 시를 암송해 본다.

삶이 그대를 속일지라도 슬퍼하거나 노여워하지 말라

모든 것은 순간적인 것 지나가는 것이니

그리고 지나가는 것은 훗날 소중하게 되리니

거리의 끝에는 스탈린 시스터즈 양식의 대표적 건물 7개 중의 하나 이자 멋스럽게 높은 외무성이 있다. 스탈린 시대에 고층 건물을 많이 지었다. 멀리서 바라보았을 때는 멋지고 웅장한 성당인줄 알았다.

여행 TIP

1. 모스크바 레스토랑은 아침 늦게 문을 연다. 그때는 프랜차이즈 식당을 찾아야 하고 화장실도 무료로 사용할 수 있다. 아르바트 거리에 있는 쉑쉑버거를 추천한다.
2. 호스텔의 체크인 시간은 보통 1시이다. 숙박 손님이 없으면 양해를 얻어 입실할 수 있 지만 그렇지 않은 경우는 기다려야 한다.
3. 루블 환율이 하락할 때는 한국에서 환전 수수료를 지불하고 루블화를 환전하는 것보 다 씨티 은행에서 출금하는 것이 훨씬 경제적이다.
4. 아르바트 거리 끝에는 24시간 슈퍼마켓이 있다.

숙소: Souvenir Hostel

패밀리룸 3박에 12,000루블(213,020원)이며 1인 1박 기준 1,000루블이다. 더블 베드와 2층 침대이다. 대사관저 부근이라서 조용하다. 씨티 은행, 아르바트 거리까지 걸어서 20분 거리에 있다.

래디슨 로열 호텔의 옥상에서 반해 버린 파노라마

살아가다 보면 때로는 내 계획대로 안 될 때가 있다. 그때는 자연스럽게 일단 멈추게 된다. 그리고 때를 기다린다. 언젠가는 내 생각보다 더 좋은 결과가 나타날 때가 있다는 것을 경험으로 알기 때문이다. 조급해하지 않는다.

5시경에 택시를 타고 모스크바 강 유람선 선착장에 도착했다. 저녁에 유람선에서 야경을 보려고 생각했다. 모스크바에서 꼭 해 봐야 하는 다섯 가지 중의 하나이다. 그런데 매표 창구에 가니 창구 직원이 '솔드 아웃'이란다.

'럴수 럴수 이럴 수가.'

더군다나 내일도 표가 없다고 해서 할 수 없이 모레 저녁 시간으로 유람선 티켓을 3,800루블에 예매했다. 힘이 빠진다. 아, 이제 뭘 해야 하나.

아내가 가이드북에 래디슨 로열 호텔 로비에 있는 모스크바 시내 미니어처와 천장화가 볼 만하다고 적혀 있다고 한다. 그래, 꿩 대신 닭이다. 선착장 바로 옆에 있는 멋진 호텔에 들어선다. 스탈린 시대에 만든 건물 중 하나인데 예전에는 우크라이나 호텔로 불렸다고 한다.

오랜만에 호텔 로비에 들어와 본다. 역시 호텔은 호텔이구나. 바닥이 미끄러질 정도로 반질반질 광이 나며 깨끗하다. 길 위에서 배우는

미니어처로 만든 크렘린 궁

자유로운 배낭여행자가 계획에도 없는 호텔 화장실을 사용한다. 귀에 익은 현악 삼중주의 경음악이 감미롭게 흐르고 있다. 음악에는 국경이 없다고 하더니 좋아하는 음악들이 메들리가 되어 연주된다. 옆 소파에 앉아서 혼자서 힘찬 박수를 치니 미소를 띠며 인사를 한다.

사진으로 보던 모스크바의 주요 관광지를 미니어처로 만들었다. 입체감 있게 잘 만들었다. 역시 2차원보다는 3차원이 실감난다. 내일은 4차원을 경험할 것이다.

멋진 미니어처도 구경 잘했는데 아쉬운 마음은 뭐지? 이 마음을 어떻게 해야 할까? 그냥 호텔을 나가기가 섭섭하다.

꼭대기 층에 가서 창밖으로 시내 전경이나 보자며 엘리베이터의 29층을 눌렀다. 조용한 레스토랑이 나온다. 계단으로 한 층을 올라가니 어두운 Bar가 나왔다. 아무도 말리는 사람이 없어서 그냥 코너를 돌아 위층 계단으로 올라간다. 32층의 전망대 옥상에 문이 열렸나?

와우, 시야가 환해진다. 순간 동공이 확장된다. 모스크바 시내 전경이 360도 파노라마처럼 펼쳐졌다. 이곳에서 이런 광경을 보게 될 줄이야. 그냥 무작정 올라왔는데. 캬, 기가 막히다. 이렇게 멋질 수가. 어느 누가 알았으리요.

건장한 체격에 양복 입은 경호원 두 사람이 한쪽을 가리킨다. 보안시설이 있는지 사진을 찍지 말란다. 그러면서 다른 곳은 사진 촬영을 해도 괜찮다고 한다. 경호원들이 위압적이지 않고 친절하다.

"스파시바."

만약 오늘 유람선을 탔더라면 이곳에는 오지 못했을 것이다. 낯선 도시에 도착하면 가이드북의 도움을 받는다. 이곳은 가이드북에 나오

지 않는 나만 알고 있는 비밀의 장소가 되었다.

1993년 '시애틀의 잠 못 이루는 밤'이 기억났다. 다정한 커플의 여인에게서 맥 라이언을 떠올린다. 연인의 데이트하는 모습이 사랑스럽다. 가족사진 촬영을 부탁하고 나도 멋지게 잘 찍어 주었다. 석양의 황금빛 노을이 영화의 한 장면처럼 잔잔한 감동으로 나의 마음속에 들어온다. 서쪽 하늘이 부드럽고 잔잔하고 곱게 물들이고 있다.

여행은 이렇게 뜻하지 않는 일들로 재미가 있다.

여행 TIP

1. 유람선과 서커스 예매는 도착하자마자 일찍 하자.
2. 계획대로 안 될지라도 허탈해하지 말자.
3. 래디슨 로열 호텔에 있는 미니어처와 천장화가 볼 만하다. 옥상에서 본 모스크바 시
   내는 오랫동안 기억에 남을 것이다.
4. 유람선은 크기에 따른 종류가 다양하다.
5. 아르바트 거리의 '무무' 레스토랑을 추천한다.
6. 거리의 화가에게 나의 초상화를 그려 달라고 해 보자. 색다른 경험이 될 것이다.

8월 5일 금요일 맑음

모스크바 역 ⇒ 호스텔 택시 360루블
Subway에서 아침 식사 919루블
슈퍼마켓 655루블
호스텔 ⇒ 유람선 선착장 택시 350루블
유람선 예매 38,000루블(1인 950루블)
'무무' 저녁 식사 1,313루블

1. 국립역사박물관
2. 성 바실리 대성당
3. 크렘린 궁 근위병 교대식
4. 붉은 광장

이제야 너를 만났구나! 성 바실리 성당

어둠은 사라지고 찬란하고 뜨거운 태양이 떠올랐다. 어제는 하루 종일 많이 걸어서 피곤했었는데 자고 일어나니 개운하다. 안나푸르나 베이스캠프 트래킹을 할 때처럼.

간단히 아침 식사를 하고 커피를 마시며 하루를 시작한다. 여행지에서의 아침은 또 다른 설렘과 기대감으로 시작한다. 오늘은 어떤 일들로 즐거워하며 내 가슴이 뛸까?

얀덱스 택시 어플을 이용해서 택시를 불렀다. 호스텔 입구에서 타고 이동하니 편하고 좋다. 선택할 때 먼저 요금을 알려 주어 바가지를 쓸 일도 없고 원하는 시간에 택시를 부를 수도 있다. 4인 가족이 여행할 때는 택시를 이용하는 것이 편리하고 경제적이다.

900년 가까이 모스크바의 정치, 역사, 종교의 심장부인 붉은 광장에 왔다. TV와 사진에서 보았던 크렘린 성벽과 성 바실리 성당, 국립 역사 박물관, 국영 굼 백화점이 동서남북으로 웅장하면서 조화롭게 자리를 차지하고 있다.

택시에서 내리는 순간 터져 나오는 감탄의 소리.

"와우, 사진보다 더 아름답고 멋지다."

유럽의 광장이나 베이징의 천안문 광장과는 또 다른 분위기가 느껴진다. 오래전 여의도의 5·16 광장에서 자전거와 롤러스케이트를 탔던 기억이 난다.

그리고 지금까지 알고 있었던 '붉은'의 뜻은 공산주의를 상징하는 것이 아니라고 한다. 아름다운 뜻을 가진 붉은 광장이라니.

수많은 관광객과 쏟아지는 뜨거운 햇살이 광장을 가득 메우고 있

다. 그곳에서 러시아의 대표적인 건축물의 하나인 성 바실리 대성당을 바로 눈앞에서 보는 것은 충분히 흥분하며 감탄할 만한 일이다. 60m의 중앙첨탑을 중심으로 8개의 독특한 양파 모양 지붕들이 이채로우면서 조화롭다. 볼수록 희한하고 오묘하게 생겼다. 화려한 색채와 독특한 문양이 섞였는데 조화롭고 예쁘다. 한 번 보고 두 번 보고 자꾸만 눈이 간다. 러시아 건축 양식의 최고봉을 이뤄 러시아의 상징이 되고도 남을 법하다.

성인 입장료는 350루블이고 국제 학생증 소지자는 100루블이다. 러시아는 국제 학생증으로 할인되는 것이 많아서 좋다.

이반 4세가 카잔 칸국을 굴복시킨 기념으로 바르마와 포스닉이라는 건축가에게 1555~1561년에 건축하도록 했는데 당시에 제일 높았다고 한다. 영국의 엘리자베스 여왕이 성당의 아름다움을 듣고 건축가를 보내달라고 했으나 이반 4세가 거절하지 못하고 대신 두 건축가의 눈을 뽑아 버렸다고 하는 슬픈 전설이 전해져 온다. 인도의 타지마할도 그랬다더니 권력자의 욕심은 인간 생명의 존엄성을 무참히 짓밟는 것 같다.

성인 바실리의 이름을 따서 성 바실리 성당으로 불리는데 공식 명칭은 성모제 대성당이다. 17세기 폴란드와의 전쟁 영웅인 미닌과 포자르스키의 청동상이 입구에 있으며 예술성이 뛰어난 작품이라고 한다. 성당이라고 해서 미사를 드리는 넓은 공간이 있을 줄 알았는데 지금은 박물관으로 관광객을 맞이한다. 소규모 방마다 성화와 장식물, 그 당시에 사용되었던 물건까지 가득하다. 한눈에 보아도 귀한 작품들로 보인다. 오랜 시간이 지났음에도 당시의 권력과 위세를 짐작

하고도 남는다.

금박으로 그려진 수많은 성화와 조형물들이 좋아만 보이지는 않는다. 믿음의 표현이라고 하지만 신은 좋아했을까? 과연 믿음의 행위는 어떠해야 할까? 이 성당을 짓기 위해 노역하고 세금과 헌금을 바치느라 힘들어한 민초들의 고단한 삶이 보인다. 종교라는 미명 아래 착취한 것은 아닐까? 모름지기 잘하는 정치란 국민을 위하고 국민이 원하는 것을 하는 것이라고 생각한다.

수십 미터의 높은 곳에 있는 천장화를 목을 꺾어서 한동안 바라본다. 저 높은 곳에 천장화는 어떻게 그렸을까? 바닥에 있어도 저렇게 그리기는 어려울 텐데. 인간의 예술 능력에 새삼 탄복을 하며 경외감이 든다.

고개를 젖혀 잠시 보는 것만 해도 목이 뻐근하다. 벽과 천장이 성화로 가득하다. 어디 한 곳 빈 곳이 없다. 때로는 아찔하고 답답하다는 생각이 들었다. 문득 우리나라의 여백의 미가 생각난다. 사람은 환경에 영향을 받는다.

창밖에서 불어오는 시원한 바람이 좋다. 그 당시에도 이런 바람이 불었으리라. 남성 5인조의 아카펠라 성가곡이 울림과 어우러짐으로 환상적이며 부드럽고 장엄하다. 유명한 바실리 성당에서 들으니 더욱 더 감동적이다.

여행 TIP
1. 성당 입구에 올라가는 길이 두 군데 있다. 다른 편의 종루로 가기 위해서 내려가려고 하니 일방통행이다. 다시 내려갈 수가 없어서 아쉬웠다. 종루 쪽으로 먼저 구경하고 가는 방법이 있을 것 같다.
2. 매표소에 줄이 길다. 사진 찍기 전에 먼저 한 사람이 줄을 서는 것이 시간을 절약하는 방법이다.
3. 광장 옆에 국영 백화점인 굼 백화점이 있다. 3층에 있는 스탈로바야에서 뷔페식으로 점심 식사를 했다.
4. 8월에 붉은 광장을 구경할 때는 선글라스와 모자, 선크림이 필수다.

크렘린 궁 안에 러시아 정교회 성당이 있었다

크렘린 성벽은 5각형의 형태로 주위는 2,200m, 높이는 최하 5m에서 최고 20m까지이다. 모스크바 강이 성벽 한쪽으로 흐르고 있어 유람선을 타고 야경을 볼 수가 있었다. 미국 국방부의 펜타콘도 5각형인데 우연일까? 철옹성처럼 견고한 붉은 성벽 안은 어떤 모습일지 오랫동안 궁금했었는데 이제야 가 보게 되었다. 러시아 정치권력의 최고 정점이며 러시아 정교회의 중심이었던 크렘린 궁은 모스크바뿐 아니라 러시아아의 심장이며 핵심이다. 독재적인 차르(황제), 공산주의 독

재자, 현대의 대통령까지 무소불위의 권력이 있는 곳이기 때문이다. 정시에 위병들의 교대식을 볼 수 있다.

모스크바 최초의 시민 공원인 알렉산더 정원은 크렘린 서쪽 성벽을 따라서 아름답게 조성되어 있다. 러시아에는 곳곳에 이런 조용한 공원과 아름다운 정원들이 많이 있다.

와우, 수많은 인파들의 행렬이 끝없이 이어져있다. 크렘린 궁으로 입장하기 위해 기다리는 동안 뜨거운 햇살 아래 땀이 줄줄 타고 내린다. 최성수기에는 저 인파보다 훨씬 많을 것이다. 입장 수입만 해도 엄청날 거라는 생각이 든다.

붉은 성벽의 외부와는 달리 내부의 첫인상은 평화롭고 조용해서 한 번 놀랐다. 아름답고 오랜 전통이 느껴지는 교회들의 종탑과 양파 돔이 많은 것에 두 번 놀랐다. 첫 거대한 대문이 삼위일체 문루라고 하니 신앙이 놀랍다. 지난 800년간의 예술적 성취, 종교 예식, 권력 정치의 흔적이 잘 보존되어 있었다. 하루만 보기에는 아까울 정도였다.

크렘린 궁 안에는 많은 러시아 정교회 성당이 있었다. 그중에서 1551년에 건립되었으며 이반 황제의 목재 왕좌가 있고, 러시아에서 가장 오래된 성화(이콘)가 있는 성모 승천 대성당, 1320년부터 1690년까지 모든 권력자들의 무덤이 있는 대천사 대성당, 러시아의 위대한 예술가 3인의 성화를 감상할 수 있는 수태고지 대성당이 있다. 다른 이름으로 우스펜스키 사원, 블라고베시첸스키 사원, 아르한겔스크 사원, 르라노비타야 궁전 등으로 불리기도 한다.

한국인 단체 관광객이 보이지 않아 우리말로 설명하는 가이드가 없어서 아쉬웠지만 다행히 한글로 상세하게 설명된 안내서가 사원마다 있어서 많은 도움이 되었다. 안내서에는 사원이라고 적혀 있는데 성당이라고 해도 괜찮을 것 같다. 러시아에 한국어 설명서가 있다니 격세지감을 느낀다.

기다림 끝에 입장하는데 감탄이 절로 난다. 사진 촬영이 금지되어 아쉬운 마음을 눈에 담는다.

다채로운 프레스코화와 화려한 금박의 장식들, 경건함을 느끼게 하는 수많은 성화들이 벽과 천장을 가득 메우고 있다. 예술가적인 솜씨와 깊은 신앙심 합체의 결과이다. 14세기부터 지금까지 잘 보존되어 있다는 사실이 놀라울 따름이다.

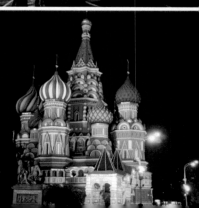

크렘린 궁 안을 구경하느라 여기저기 바쁘게 걸어가는데 잔디밭에서 평화롭게 쉬고 있는 엄마와 아들의 모습을 보았다. 저절로 발걸음을 멈추고 인사를 하게 되었다. 피곤해서 엄마에 기대어 편하게 잠자는 꼬마가 행복해 보인다. 그래. 힘들면 그렇게 잠시 쉬어가는 거야. 보기 참 좋다.

새하얀 교회 외벽과 황금 양파 모양의 돔이 인상적이다. 눈이 많이 내리므로 흘러내리라고 그렇게 만들었다고 한다. 곳곳에 경비병들이 예의 주시하고 가끔 제재를 하고 있지만 평화롭다.

모스크바 관광의 출발점인 마네쥐 광장에는 크고 작은 분수와 동상들이 많이 있다. 3개의 지하철 노선이 모여 있어 북적인다.

구소련 붕괴의 역사적인 시발점이 된 장소이며 관광객과 시민들의 표정이 들떠 있다.

지하 쇼핑몰의 푸드 코너에서 먹고 싶은 것으로 저녁 식사를 하고 광장에서 기다린 보람이 있었다. 9시 30분경 광장에 들어섰다. 굼 백화점을 감싸는 화려한 전구들이 인도의 여러 왕궁을 보는 듯했다. 너무 멋지고 아름답다. 앞으로 걸어가면서 빠져 들어가는 느낌이 든다.

역시 바실리 성당의 야경은 세상에서 가장 아름다운 건축물의 모습 중 하나라고 말하고 싶다. 어두운 밤하늘 불빛을 받아 색채와 문양, 형태가 뒤죽박죽 기하학적으로 섞여 있는데 묘하게 조화롭고 독특하게 멋있다. 원판 불변의 법칙이 맞는 말이다. 광장을 중심으로 굼 백화점과 크렘린 성벽의 조명도 잘 어울린다.

　세계에서 가장 유명한 미이라 중의 하나가 있는 곳이다. 공산주의의 아버지라고 불리는 '블라디미르 레닌'이 유리관 속에 있다. 1924년 1월 22일 53세에 뇌졸중으로 사망하자 상트페테르부르크의 어머니 곁에 묻히고 싶다는 고인의 소망과 미망인의 반대에도 불구하고 스탈린은 이곳에 영원히 보존하고 싶어 했다. 지금도 레닌의 유언에 따라 유해를 상트페테르부르크로 이전하려는데 좌파 정치권과 모스크바 여행 업계의 반대에 부딪치고 있다고 한다.

여행 TIP

1. 관광객이 많이 모이는 곳에서는 제일 먼저 입장권을 구입하자.
2. 크렘린 궁 안에는 6시까지 있을 수 있다.
3. 크렘린 궁 안의 무기고와 이반 대제의 종루는 입장권과 입장 시간이 따로 정해져 있다.
4. 크렘린 궁 안에 있는 화장실은 6시 전에 문을 닫으니 참고하기를 바란다.
5. 마네쥐 광장 지하에는 다양한 브랜드의 푸드 코너가 많이 있고 슈퍼마켓이 있다. 그때는 샴푸는 없고 린스만 있었다.

8월 6일 토요일 맑음

호스텔 ⇒ 크렘린 궁 택시 250루블
굼 백화점 내 스탈로바야 점심 식사 1,560루블
바실리 입장료 900루블(성인 350루블, 국제학생증 100루블)
크렘린 궁 입장료 2,000루블(1인 500루블)
오렌지 자판기 100루블, 화장실 30루블
푸드 코너 저녁 식사 1,585루블(닭 윙·봉 12개와 맥주 2컵 499루블, 피자 2조각 307루블, 장어·연어 초밥 6개와 누들 779루블)
마네쥐 광장 ⇒ 호스텔 택시 173루블

셋째 주 소계 1,170,088원
총계 2,145,110원

악기의 소리는 오묘하다! 글린카 음악 박물관

음악이 없는 우리의 생활은 무미건조하며 상상할 수가 없다. 사람은 슬플 때나 기쁠 때나 저절로 노래를 흥얼거리게 된다. 기쁨은 배가되고 슬픈 마음은 정화·치유되는 것을 본능적으로 아는가 보다. 인류의 역사만큼 음악도 오래되었을 것이다. 사람마다 나라마다 환경에 따라 표현하는 방식이 다를지라도 느낌은 같다. 인류가 존재하는 동안 함께하리라.

매일 짐을 꾸리는 번거로움이 없어 여유로운 아침 시간을 보낸다. 아내는 일찍 서둘러 하나라도 더 보기를 원하지만 효준이와 효은이는 그렇지 않은가 보다. 그럼에도 불구하고 여기는 쉽게 올 수 없는 모스크바가 아닌가? 늦은 아침 식사를 하고 호스텔 앞에서 택시를 타고 '글린카 음악 박물관'으로 향한다.

이곳은 19세기 러시아의 유명한 작곡가 글린카의 이름을 딴 음악 박물관이다. 처음에는 모스크바 음악원 부속 기관이었다. 여러 박물관들 중에서 아내가 특히 오고 싶어 한 곳이기도 하다. 러시아뿐만 아니라 세계적인 음악가들의 업적과 관련된 악보 및 원고 등 소장품이 전시되어 있으며 2,500여 점의 세계적인 악기 컬렉션이 큰 볼거리다.

관람객 개인에게 지급된 오디오 가이드인 '인이어'는 전시된 악기의 해설과 소리, 연주를 들을 수 있어서 좋았다. 레이저 빔으로 전시관에 부착된 'i'를 누르면 악기에 대한 설명이 나오고 높은음자리를 누르면 악기로 공연하는 연주곡이 나온다. 연주하는 동영상도 볼 수 있어서 신기했다.

인형같이 귀엽게 생긴 꼬마들의 악기 체험이 한창이다. 조기 교육의

1. 글린카 음악박물관 입구
2. 악기 실습하는 아이들
3. 방명록을 작성하는 아내
4. 안내하시는 할머니, 플로아와 함께
5. 음악박물관 내부

중요성을 본다. 선생님 설명 후에 개인적으로 실습을 한다. 너무 앙증맞고 귀여워서 한참을 미소 지으며 따라 다녔고 사진도 많이 찍었다.

박물관에서 만난 우리나라 가야금 비슷한 '고쟁'을 전공한 중국 아가씨 플로아는 여기가 너무 좋단다. 여기저기 사진을 찍고 싶어 한 곳이 많았고 예쁜 포즈를 취한 사진 여러 장을 찍어 주었다. 우리에게 관심을 보이며 남은 곳을 같이 여행하기를 원하였지만 우리만의 일정이 있어서 정중히 거절했다.

안내하시는 할머니께서 영어로 친절하게 설명을 하신다. 자녀 이야기를 비롯해서 많은 말씀을 하고 싶어 하셨다. 아내가 음악 교사라고 하니 1901년과 1909년에 생산된 '스타인웨이'를 비롯해서 여러 피아노를 연주할 수 있도록 배려를 해 주셨다. 아내의 얼굴에 함박웃음이 가득하다. 방명록에 느낌을 적었다.

역시 우리 음식이 최고다

한국을 떠나 한국 식당에서 처음으로 한국 음식을 먹었다. 머리끝에서부터 땀이 송골송골 맺히더니 이마를 적신다. 그동안 쌓였던 노폐물들이 땀으로 빠져나가는 느낌이다. 복날에 복달임을 제대로 하며 피곤했던 몸과 마음이 회복되는 것 같다. 가족들의 얼굴에도 만족함으로 생기가 돈다.

우리 가족은 각자 먹고 싶은 음식을 시켜서 먼저 맛을 본 후 바꿔가며 먹는다. 그리고 밥 한 공기를 추가해서 국물 한 방울 남김없이 깨끗하게 그릇을 비운다. 지금까지 먹어 본 육개장 중에서 제일 맛있었다. (우리는 당연히 주문한 여러 음식들을 돌려가며 먹는데 다른 가족은 아니라고 해서 놀랐던 기억이 난다. 심지어 아이스크림도 돌려 먹는다고 하니 쓰러진다.)

여행 막바지에 먹는 아삭한 김치가 잠자고 있었던 미각을 깨운다. 역시 한국 사람에게는 한국 음식이 보약이다. 오랫동안 해외여행을 할 때는 특히 더욱 더 그런 것 같다. 아플 때 신라면 하나로 회복된 기억이 있다.

식당의 인테리어가 카페같이 고급스럽고 분위기가 좋다. 화면에는 K-pop 아이돌 가수의 공연이 한창이다. 러시아인들을 비롯해 세계인들이 우리 음악을 좋아하는 것이 신기하고 자랑스럽다.

단지 한국 식당인데 한국 사람은 없고 종업원들이 한국말을 하지 못하는 게 조금은 아쉽다.

정원은 아름답고 평화로웠다! 에르미타주 정원

햇살이 찬란하게 비추어 눈이 부신 오후다. 여행자는 괜히 기분이 좋아진다. 이런 날은 어디론가 떠나거나 산책하며 머무르기 딱 좋다. 처음에는 정원이라고 해서 별 기대감이 없었다. 글린카 음악 박물관에서 도보 10분 거리이므로 그냥 가볍게 걸어서 도착했다. 그런데 이게 웬일? 마음에 든다. 정말 좋다.

사람들이 푸른 잔디 위에서 평화롭게 여유를 즐기는 에르미타주 정원이다. 여기가 추운 나라 러시아인지 살짝 의심이 간다. 모든 것이 너무나 자연스러워서 누군가에 의해 꾸며진 것이 아닌가 하는 생각이 들 정도다. 영화의 한 장면에 나왔음직하다. 뜨거운 햇살마저도 달콤하게 감미롭다.

어디선가 들려오는 '백조의 호수' 선율에 따라 발걸음이 빨라진다. 한 마리 작은 백조가 날갯짓을 하고 있다. 발레로 유명한 러시아에서

처음 보는 공연이라서 특히 좋았다. 이렇게 햇살을 즐기는 사람들이 길고긴 추운 겨울은 어떻게 보내고 있을까?

파릇파릇 푸른 잔디밭에 팔베개를 하고 눕고 싶다. 그냥 아무 생각 없이 떠오르는 생각은 흘러가는 구름에게 맡기고 싶다. 파란 하늘과 흰 뭉게구름을 한없이 바라보다가 들려오는 음악 소리에 귀를 기울이기도 한다. 재잘거리는 아이들의 웃음소리와 사랑스런 연인들의 밀어에 미소를 짓는다. 평화로운 이곳이 사랑스럽고 좋다.

사진을 찍으니 파란색 원피스를 입은 아가씨가 생긋 웃으며 손을 흔들어 보인다. 매번 느끼는 것이지만 이곳 사람들은 순수한 것 같다. 대부분 사진을 찍으면 살며시 옅은 미소를 짓는다. 특히 아이를 찍을 때 엄마들이 그렇다. 거리에서 치근대거나 시비 거는 사람도 없다.

러시아 사람들은 경직되었을 것이라는 선입견이 서서히 옅어지고 있다. 모스크바의 매력에 빠져들고 있는 나를 발견한다. 러시아가 좋아지고 있다. 기대 이상으로 감동을 받고 기분 좋게 다음 관광지로 발걸음을 옮긴다.

변화무쌍한 날씨와 함께 한 모스크바 강 유람선

유람선에서도 보는 위치와 높이에 따라서 느낌은 확연하게 달라 보인다. 불과 몇 ㎝의 키 높이 신발을 신어도 눈높이가 다르다고 하지 않던가. 모스크바 강 위의 유람선에 우여곡절 끝에 드디어 승선하게 되었다. 해 질 무렵이라서 야경도 동시에 볼 수 있어 기대가 된다.

모스크바 강 유람선은 실내외가 멋스럽고 호화스럽다. 파리 센 (Seine) 강의 유람선과는 규모 자체가 다르다. 하늘이 잔뜩 찌푸리고 애써 참고 있는 듯 날씨가 심상치 않다. 곧 크게 한바탕 울음을 터트릴 듯하다. 잠시 후 하늘에서 번개가 번쩍이며 천둥소리가 크게 나더니 소나기가 쏟아져 실내로 이동한다. 비가 그칠 때 한기가 느껴져 효은이를 통해 모포 5장을 받아와 두르니 한결 따뜻하다. (이런 건 효은이가 적극적으로 알아서 잘한다.)

국영 백화점인 굼이 불을 밝혔다. 아름다운 성 바실리 성당을 다시 보니 지인을 만난 것처럼 반갑다. 아름답고 멋지다 보니 야경도 감동적이다. 변화무쌍한 날씨 덕분에 다양하고 멋진 풍경을 볼 수 있어 좋다. 유명 관광지들을 유람선에서 바라보는 것도 별미다. 2시간 30분이 짧게 느껴질 정도로 색다른 구경을 잘 하였다.

여행 TIP

1. 유람선 승선권은 일찍 예매하자.
2. 비가 올 듯하면 우산과 비옷과 두꺼운 옷을 준비하자.
3. 생수와 간식을 준비하자.

8월 7일 일요일 맑다가 저녁에 비	
호스텔 ⇒ 글린카 박물관 택시 126루블	
글린카 음악 박물관 입장료 900루블(성인 275루블, 학생 175루블)	
에르미타주 정원 생과일주스 300루블	
에르미타주 정원 ⇒ 한국 식당 택시 200루블	
한국 식당 '김치' 2,140루블(육개장 520루블, 된장찌개 500루블, 김치찌개 510루블, 새우볶음밥 490루블, 공기밥 120루블)	
한국 식당 ⇒ 호스텔 택시 240루블	
호스텔 ⇒ 유람선 선착장 택시 220루블	
유람선 선착장 ⇒ 호스텔 택시 240루블	

눈부신 파란 하늘과 수도원의 성화는 같은 느낌이었다!

노보데비치 수도원

대구 대명 국민학교에 3학년부터 5학년 1학기까지 다녔었는데 집 부근이 갈레 수녀원이었다. 지나갈 때마다 수녀원은 어떤 세상일지 궁금했었다. 어린 소년에게 수녀원은 신비로운 딴 세상이었다.

또 나에게는 '수도원' 하면 떠오르는 기억이 있다. 오래전 지인과 수도원에 피정을 갔었는데 평화로웠었다. 내가 개신교의 모태 신앙 가정에 태어나지 않았다면 아마도 수도자가 되었을지도 모른다. 교회가 세상살이에서 지친 몸과 마음에 위로와 쉼, 새로운 용기와 힘을 얻을 수 있는 곳이 되면 좋겠다.

그랬던 내게 노보데비치 수도원은 어릴 때의 호기심을 채워 주기에 충분했다. 유명한 수도원답게 러시아 건축의 뛰어남을 아낌없이 보여 준다. 17세기 바실리 3세가 폴란드령이었던 스몰렌스크를 탈환한 기념으로 지었다. 바로크 건축 양식의 아름다운 건축미와 정교한 장식들까지 잘 보존되어 2004년에 유네스코 세계문화유산으로 등재되었

노보데비치 수도원

스몰렌스크 대성당

보리스 옐친의 묘

다. 전쟁 중에는 요새의 역할을 겸했으며 차르 일족이나 명문 귀족의 자녀가 은둔하거나 유폐당하기도 했다. 하얀 성벽과 12개 종루, 아름답게 장식된 내부에는 중요한 예술 작품들이 많다. 러시아의 건물들은 왜 이렇게 아름다운 것일까?

입장료가 300루블인데 사진 촬영비로 100루블을 받을 정도로 전시품들이 깨끗하고 섬세하게 잘 보존되어 있다. 러시아 정교회와 가톨릭에 대해서 다시 한 번 더 생각해 본다. 검은 수도복을 입은 수도자들이 보인다. 그들과 신앙과 믿음에 대해서 이야기를 나누고 싶고 검소하게 사는 모습도 보고 싶었다.

수도원 바로 앞에 호수 공원이 있다. 차이콥스키가 이곳에서 영감을 받아서 '백조의 호수'를 작곡했다고 한다. 백조는 없어서 오리에게 빵만 주고 왔다.

그리고 수도원 옆에는 유명 인사들이 잠들어 있는 공원묘지가 있다. 잘 꾸며진 조각 공원에 온 것처럼 석관과 장식들이 예술품들을 모아 놓은 것 같다. 백발의 어르신들 단체 관광객의 영어 가이드를 따라다니면서 설명을 듣는다. 제정 시대부터 현재에 이르기까지 유명한 학자, 작가, 정치가들이 잠들어 있다. 니콜라이 고골, 안톤 체호프, 블라디미르 마야코프스키, 흐루시초프 등 한 번은 들어 봤음직한 이름들이 많이 보인다. 그들이 이곳에 잠들어 있다는 사실에 가까이 느껴지면서 인생무상이 든다.

무덤에 오면 삶이란 무엇인가, 사람에게 죽음이란 어떤 의미인가를 곰곰이 생각하게 된다. 또 사후에는 어떤 세계가 있을까? 무덤을 보니 자연스럽게 아버지의 산소가 떠오르면서 아버지가 환하게 웃으시

던 모습이 생각났다. 천국에 가 주님 앞에서 반갑고 기쁘게 만날 날을 소망한다. 아버지의 산소도 저렇게 꾸미고 싶다.

여행 TIP

1. 모스크바 시내에서 멀리 떨어져 있지 않으니 꼭 와서 둘러보면 좋을 듯하다.
2. 공동묘지 입구에 어느 구역에 누구의 묘가 있는지 안내 지도가 있다. 관심 있는 사람이 있으면 찾아보는 것도 좋겠다.
3. 간단한 간식과 물을 챙겨 가도록 하자.

지하철역이 이렇게 멋있고 아름다워도 되나? 지하 궁전 메트로

모든 것은 생각하기 나름이다. 때로는 긴 여행길, 가끔은 짧은 소풍 같은 인생길에서 현대인들의 일상생활은 바쁘고 너무 조급하다. 비가 내리는데 우산이 없어 빨리 달린다고 비를 덜 맞지는 않는다. 한순간 마음먹기 나름이다.

러시아에서 '빨리빨리'를 좋아하는 한국 사람의 성격에 제일 잘 맞는 곳이라면 지하철이 아닐까 한다. 지하철 배차 간격이 1~3분이며 달리는 속도 또한 쾌속이다.

멋진 천장 벽화가 아름다운 지하철역 다섯 군데를 찍어 두고 그중 한 곳에 내렸으나 거기가 아니었는지 걷다 보니 출구로 나와 버렸다. 역무원에게 다시 들어갈 수 없냐고 물으니 안 된다고 한다. 러시아의 기차역과 지하철역은 일단 나오면 다시 못 들어간다.

그때 미모의 아가씨가 나타나 뭐 도와줄 것이 없냐고 물었다. 자초지종을 이야기하니 알았다면서 밖으로 우리를 이끈다.

'아니, 어디로 가는 거지?'

앞장서서 걸어가며 계속 뒤를 돌아보고 따라오라는 손짓을 한다. 그렇게 10여 분을 걸으니 다른 호선의 입구가 보인다. 티켓도 끊어 주고 "OK?" 하더니 홀연히 상큼한 미소만 남긴 채 사라졌다. 검고 짧은 머리에 파란눈동자와 예쁜 얼굴과 늘씬한 몸매가 또렷이 남는다.

지하철역 바닥이 일류 호텔 로비를 걷는 것 같다. 이렇게 반질반질 윤이 나며 깨끗할 수가 있을까? 천장과 벽화 인테리어가 미술관에 온 듯하다. 역의 깊이만큼이나 색다르면서 진한 감동을 준다.

지하철역 안은 유명 관광지처럼 단체 관광객을 비롯한 사람들로 붐빈다. 지하철의 소음과 더불어 정신없다. 번갯불에 콩 볶듯이 '지하궁전'이라는 메트로 순례를 하며 아름다움을 눈으로 확인했다. 스탈린 시대에 전쟁을 대비하기 위해 만들었다고 한다. 소문으로만 들었는데 진짜 대단하다. 웬만한 포탄에도 끄떡없을 듯하다. 아름답게 내부를 장식할 생각을 어떻게 했을까?

난 국민학생 때부터 우표 모으기가 취미였다. 1974년 8월 15일 서울 지하철 1호선 개통으로 기념우표가 발행되어 우체국에 줄을 서서 샀던 기억이 났다.

여행 TIP

1. 모스크바에 오면 꼭 지하철역을 둘러보기를 권한다. 천장화와 인테리어가 멋진 5개 역을 지하철 지도에 표시하고 둘러보면 된다. 지하철 요금도 비싸지 않다.
2. 분위기에 휩쓸려 바쁘게 돌아다니지 말고 천천히 보기를 권한다.

쉑쉑버거가 뭐길래?

어느 정도 원하는지 말을 하지 않으면 알 수가 없다. 우는 아이에게 떡 하나 더 준다는 말이 있듯이 진정으로 원하면 의사표현을 자주 분명하게 해야 될 것 같다. 마음 내키지 않더라도 상대방이 원하면 들어줄 수 있는 범위 내에서는 할 수 있다. 대화가 필요하고 소통이 중요하다. 소통보다는 융통이 맞는 말이라고 배웠다.

쉑쉑버거가 뭐길래 효준이, 효은이가 그렇게 먹고 싶어 하는 것일까? 러시아 모스크바에 한 곳뿐이고 서울 강남에 1호점을 오픈한 날 1,500명이 줄을 서서 기다려 3시간 만에 먹었다고 한다.

지하철 궁전 투어를 마치고 점심 겸 저녁으로 일부러 찾아갔다. 이렇게 좋아할 줄 알았으면 첫날에 Subway에 안 가고 이곳에 올 걸 그랬다. 생각보다 햄버거가 부드러웠다. 감자튀김이 짜지 않고 폭신폭신한 식감이 좋았다. 차가운 밀크쉐이크에 찍어 먹으니 시원하고 맛나다. 아이들이 만족스러워하는 표정을 보니 좋다.

숙소와 가까워서 예술가와 젊음의 열기로 가득한 아르바트 거리를 여섯 번 걸어서 또는 차를 타고 지나간다. 첫날의 이국적인 거리에 대한 설렘이 마지막 날에는 정겨움과 익숙함의 눈길이 된다. 환경에 적응함이 신비롭다.

8월 8일 월요일 맑음

- -

노보데비치 수도원 입장료 900루블(성인 300루블, 학생 100루블, 카메라 100루블)
지하철 400루블(1인 50루블), 슈퍼마켓 800루블
쉑쉑버거에서 점심 식사 2,130루블
아르바트 거리 ⇒ 호스텔 택시 200루블
호스텔 ⇒ 레닌그라드 역 택시 190루블

발가락이 닮았나? 발바닥이 닮았나?

모스크바에는 9곳의 기차역(바그잘)이 있는데 모스크바 역이란 이름은 없다. 마지막까지 긴장의 끈을 놓을 수가 없다. 엉뚱한 곳에 가면 낭패다.

밤 9시 50분, 상트페테르부르크로 가는 008번 기차를 기다리기 위해 대합실 2층 앞자리에 앉았다. 지금까지 보아 온 기차역과 비교하면 현대적인 규모와 많은 상가들이 있으며 사람들도 많다.

쉴 때는 과감하고 편하게 꽉 쉬자는 것이 나의 생각이다. 여행하면서 평소보다 훨씬 많이 걸어서 발이 뜨거워졌다. 신발과 양말을 벗어 시원하게 마사지를 한다. 많이 걷느라고 고생 많았다. 김동인 작가의 단편 소설 『발가락이 닮았다』의 내용처럼 나의 발과 아들의 발이 진짜로 닮았는지 유심히 맨발을 바라본다.

오호, 2층 기차다. 2층 버스는 여러 번 타 보았지만 기차는 처음이다. 2015년에 처음 생긴 야간 기차다. 숙박과 이동을 동시에 해결해 주기 때문에 인기가 좋다. 깔끔하고 편리한 시설에 4인실 쿠페마다 콘센트와 빵, 음료수가 있어서 반가웠다.

2. 고도의 도시 상트페테르부르크

마음에 들었던 상트페테르부르크의 APT

다른 도시에서 살아 보는 것은 설레고 매력적인 일이다. 2005~2007년까지 필리핀 전원주택에서 가족 모두가 공부하고 여행하며 잘 살았었다. 가끔 그때가 좋았었다고 이야기하곤 한다. 상트페테르부르크에서 3박 4일 사는 것도 기대가 된다.

아침 6시에 상트페테르부르크에 도착했다. 기차 시간이 항상 정확한 것이 마음에 든다. 난 계획대로 생활하며 시간을 잘 지키며, 다른 사람도 시간을 잘 지키는 것을 좋아한다. 기온이 18도로 쌀쌀하여 긴 남방을 덧입는다.

우선 멈춤. 러시아인들은 인적이 드문 아침에도 차를 잘 멈춘다. 보행자 우선 정신이 몸에 밴 듯하다. 경적소리도 들어보지 못한 것 같다. 나의 삶도 필요할 때는 지혜롭게 '우선 멈춤'을 잘하고 싶다.

바깥 건물은 오래되어서 허름한데 철제문으로 들어서니 사각형으로 된 담쟁이가 예쁘다. 웃는 얼굴이 선하게 보이는 친절한 매니저 이

반이 반긴다. 체크인 시간이 오후 2시여서 조금 걱정했는데 바로 사용할 수 있도록 배려해 준다.

계단을 올라 현관문을 열고 들어서는 순간 '오호, 좋은데.' 하는 감탄이 나왔다. 마음에 든다. 28평 정도 APT 넓이다. 생활하기에 전혀 불편함이 없이 깔끔하고 멋지게 잘 꾸몄다. 건조함이 느껴지는 호텔보다 사람 사는 안온함이 느껴지는 이곳이 더 좋다. 여행의 마지막 숙소이기에 특별히 신경을 쓴 보람이 있다. 가족 모두 환한 미소로 엄지를 척 든다.

몇 달 전에 봄맞이 대청소를 하면서 거실 도배를 직접 했다. 녹색으로 했는데 이곳 욕실이 같은 색이라서 마음에 든다. 뜨거운 물로 샤워를 하니 노곤함이 사라진다.

성당이라고 같은 성당이 아니다! 이삭 대성당

러시아 정교회 성당의 진수를 보여 주는 이삭 성당은 성경에 나오는 아브라함의 아들 이삭이 아니다. 표트르 대제를 기리기 위해서 프랑스 출신의 건축가 몽페랑이 40년에 걸쳐 건축한 일생의 대 역작이다. 1858년에 완공했다고 하니 왕을 위한 것도 대단하고 놀라운 일이다. 북한의 김일성을 떠올리게 한다.

고전주의와 비잔틴 양식이 조화를 이루며 웅장하다. 높이가 101.5m, 내부는 4,000㎡이며 100kg의 황금을 사용한 황금 돔이 햇살을 받아 빛난다. 동서남북에 세워져 있는 20톤의 육중한 철문도 대단하다.

많은 나라들이 조상들 덕분에 관광 수입으로 먹고산다. 국가도 사람과 마찬가지로 요즘 유행어인 금 수저, 흙 수저가 있다. 생각하면 이것이 무슨 불공평한 운명의 장난인가 싶어 허탈할 때가 많이 있다. 그러나 어쩌겠는가. 생각하기 나름이다.

입장권을 구입하기 위해 줄을 선다. 전망대와 박물관의 표가 다르고 학생 할인권도 따로 구입해야 한다. 160 계단의 좁고 어두운 꽈배기 길을 오르다 보니 한순간 시야가 환해지며 넓어진다. 상트페테르부르크의 전경이 한눈에 들어온다. 곧 한 차례 소나기를 뿌릴 듯이 하늘에는 먹구름이 무겁게 깔려 있다.

먼 곳을 응시하는 여인의 눈동자가 푸른 바이칼 호수처럼 맑고 깊어서 몇 번을 쳐다보았다. 사람의 눈이 저렇게 파랄 수도 있구나 싶어 감탄했다. 눈이 마주치자 생긋 미소를 짓는다. 서양 선교사들이 조선에 선교할 때 어른들이 '파란 눈으로도 보이는갑다.'라고 했다던데. 더

푸르고 맑게 보일 것 같다.

성당 내부에 들어서자 눈동자가 자연스럽게 커진다. 금박으로 장식된 내부의 화려함과 정교한 성화들이 놀랍다. 바티칸의 성 베드로 성당과는 또 다른 느낌이다. 한국어 오디오 가이드가 있어 효은이가 들으면서 설명을 한다. 역시 아는 만큼 더 자세히 보이는 법이다.

메인 돔의 천장은 12사도에 둘러싸여 있는데 고개가 아픈 만큼 마음은 숙연해진다. 이것을 정녕 사람의 손으로 그렸단 말인가? 중앙 제단에 예수님의 부활을 표현한 스테인드글라스가 눈이 부시다. 나라마다 예수님의 얼굴이 다르게 표현되는데 이곳은 우리가 항상 보아온 그 모습이라서 반갑다. 예수님은 언제 어떤 모습으로 우리에게 다시 오실까?

몽페랑은 성당이 완성된 후 건축가의 죽음을 예언한 말이 신경 쓰였는지 성당 건축을 서두르지 않았다고 한다. 그러나 실제로 완공된 후 한 달을 못 살고 죽었다고 한다.

발레의 본고장에서 발레를 보다니! 마린스키 극장 & 백조의 호수

어느 분야에서든 전문가를 보는 것은 기분 좋은 일이다. 최소 1만 시간을 투자해야 하고 평생을 노력하여 일가를 이루는 것은 부럽고 존경스럽다. 호기심 많고 배우기를 좋아하는 나는 지금까지 많은 시간을 투자하여 많은 것을 배웠다. 손에 꼽아 보니 20가지는 배운 것 같다. 현재는 서예와 하모니카를 배우고 있다.

APT에 체크인을 하고 잠시 휴식한 다음 제일 먼저 찾은 곳이 걸어서 15분 거리에 있는 마린스키 극장이었다. 파스텔 톤의 연녹색 건물

이 예쁘다. 혹시나 해서 들렀는데 오늘 밤 8시에 '백조의 호수' 발레 공연이 있다는 것이다. 1층에 몇 좌석이 남지 않아 16,000루블을 주고 예약을 했다. 기분이 좋아진다. 차이콥스키의 대표 발레곡인 '백조의 호수'를 차이콥스키가 인정한 마린스키 극장에서 뛰어난 무용수를 통해 보게 되어 기쁘고 감동스럽다.

상트페테르부르크의 마린스키 극장은 모스크바 볼쇼이 극장과 함께 러시아 최고의 발레, 오페라 극장이다. 여행을 준비하면서 모스크바 볼쇼이 극장 홈페이지에 확인했었는데 8월은 해외 순회공연 중이어서 국내 공연이 없어 아쉬웠다.

입장하면서 너도나도 사진을 찍느라 사람들의 휴대 전화가 바빴다. 고풍스러운 인테리어의 화려함과 붉은 좌석이 타임머신을 타고 중세 시대에 온 듯한 착각에 빠지게 한다. 한마디 말로 표현하기가 어려울 정도로 시간이 금방 지나갔다. 남녀 무용수가 사람이 아닌 한 마리의 백조 같았다. 발레하기에 최적의 신체를 타고난 것 같다. 귀에 익은 멜로디가 반갑다.

쉬는 시간에 공연장 여기저기를 탐방했다. 나의 호기심은 멈추지 않는다. 5층에 올라가니 의외로 높아서 무대가 까마득하게 내려다보였다.

8시에 시작된 공연은 중간에 휴식 시간 포함해서 11시 20분에 마쳤다. 카메라에 망원 렌즈를 장착하여 무용수들의 표정과 손, 발끝까지 놓치지 않으려고 열심히 보았다. DVD에서 보는 것과는 느낌이 다르다.

공연을 관람하고 APT로 돌아오는 길이 발레리노의 발걸음처럼 가볍다. 3시간 10분 동안의 진한 감동이 오래 남을 것 같다.

상트페테르부르크 지하철역도 아름답다

모스크바 지하철역에만 볼거리가 있는 것이 아니었다.

국민학생 때 대구 백화점에 움직이는 계단이 생겼다는 이야기를 들었다. 친구들하고 어린 마음에 신기하기도 해서 몇 번씩이나 오르내렸던 기억이 갑자기 떠올랐다. 그때는 한 층인데도 길게 느껴졌었다.

효은이가 에스컬레이터를 타고 지상으로 오르면서 동영상을 촬영했는데 3분 30초가 걸렸다. 와우, 속도도 있는 것이 놀이동산이 따로 없다. 지하철 표를 발권하는 창구 입구가 너무 멋지다. 예술의 나라답다는 생각이 절로 든다.

유럽의 지하철역은 지저분한 낙서와 그림으로 어두워서 칙칙하고 더러웠었는데 여름 궁전을 가기 위해 지하철을 두 번 환승하는데도 멋진 모자이크화와 소품, 인테리어들이 가히 예술적이다. 이렇게 생각하지 않은 곳에서 좋은 것을 보면 기쁨이 두 배가 된다.

지하철을 내리는 사람은 한국이나 러시아나 다 분주하다. 왜 그럴까? 지하철의 속도감에 감염이 되어서 그런가? 난 좀 더 여유를 가지고 사람들과 역 주변을 바라본다.

푸시킨을 사랑하는 마음이 각별하다더니 과연 그렇구나. 푸시킨의 멋진 동상 앞에 생화가 여러 송이 놓여 있다.

기적이 존재하는 곳, 카잔 성당

첫날에 택시 타고 오면서 그리스 아테네 신전처럼 생긴 멋진 건물을 보았다. APT가 시내 중심가인 넵스키 대로와 가깝고 운하와 유명한 장소들이 많아서 좋다.

소비에트 시절에는 무신론 박물관으로 이용되었다는 카잔 성당의 규모와 내부에 입이 벌어진다. 성 베드로 성당의 축소판이라더니. 화려한 실내는 28쌍의 코린트식 멋진 기둥으로 이루어져 있다. 중앙에는 러시아에서 가장 숭배받는 이콘 가운데 하나이자 기적의 힘을 지닌 '카잔의 성모 이콘'에 경배하고 입을 맞추기 위해 사람들이 길게 줄을 서 있다. 종교 영화에서 "미라클!"이라고 외치는 장면이 인상적이었다. 아직 기적을 보지 못한 나는 그 기적을 체험하고 싶다. 새삼 인간이 종교에 의지하는 존재임을 느낀다.

내부에는 나폴레옹 전쟁 당시 프랑스군에게 뺏은 107개의 군기가 있는데 마침 미사 중이었다. 사람들의 표정이 겸손하고 엄숙하다. 장엄함과 경건함을 느끼게 하는 성가가 성당 안을 가득 채운다. 신도들이 좌우에 서서 경건하게 미사를 드린다. 나도 잠시 기도를 드린다. 나의 한결같은 기도는 하나님의 뜻을 바르게 알기를 원하는 마음이다. 나를 향한 하나님의 마음이 무엇일까? 늘 끊임없이 묻고 기도하며 하나님이 원하시는 때를 기다린다.

지금까지 노우호 목사님께서 인도하시는 '에스라 성경 통독' 집회에 5번 참석하여 열심히 성경을 통독했다. 5일 동안 매일 18시간씩 목사님의 강해를 듣고 녹음된 성우의 음성에 따라 성경을 눈으로 읽는 것이 좋았다. 하나님의 마음을 바르게 알아야겠다는 기도의 제목이 추가되었다. 오래전부터 성경 한 장씩 노트에 정성껏 적고 하루를 시작한다.

숙소: Milne Apartment

26평 3박에 19,600루블(351,057원)이며 1인 1박 기준 29,254원이다. 지금까지

핀란드 만이 보이는 네바강

의 숙박 중 제일 마음에 든다. 침실 둘, 거실, 주방, 욕실 등 생활하기 최적의 환경이다. 마린스키 극장, 이삭 성당까지 걸어서 15분 거리. 24시 슈퍼마켓까지는 10분 거리.

8월 9일 화요일 맑음

상트페테르부르크 ⇒ APT 택시 290루블
'백조의 호수' 발레 입장료 16,000루블(1인 4,000루블)
성 이삭 성당 입장료 1,800루블(박물관 성인 250루블·학생 150루블, 전망대 150루블)
한국어 오디오 200루블, 기념주화 200루블
슈퍼마켓 1,160루블, 화장실 20루블

러시아에서 베르사유 정원을 거닐다! 여름 궁전

여름 궁전에 가기 위해서 가장 빠르고 쉬운 방법은 배를 타고 가는 것이다. 왕복에 한 사람당 1,200루블로 네 명이면 4,800루블이다. 우리는 배낭여행 가족이므로 지하철과 미니버스를 타고 1시간 10분을 걸려 900루블에 여름 궁전 입구에 도착했다.

같은 하늘 아래에 살지만 사는 모습은 천차만별이다. 인간 평등, 인간 존엄, 자유 의지를 주장해도 태어나는 장소에 따라 삶의 질이 결정된다고 생각한다. 특히 신분 제도의 중세 시대는 더욱 그렇다. 여름 궁전의 정문을 들어서는 순간 베르사유 궁전을 떠올렸다. '캔디'의 한 장면을 떠올리게 하는 잘 꾸며진 전형적인 유럽풍의 정원이다. 2차 세계 대전 동안 독일군에게 오랫동안 점령되어 심하게 훼손되었다가 60년대 이후 국가적으로 복원한 끝에 아름다운 현재의 모습을 갖추게 되었다.

궁전 뒤편에 있는 페테르고프 공원에는 144개의 다양한 분수가 있

다. 우리나라는 폭포가 많고 이곳은 분수가 많다. 전기를 이용하지 않고 자연적인 낙차에 의한 힘으로 가동된다고 한다. 좌우 대칭의 계단을 따라 정교하게 가꾸어 놓은 정원들이 깜찍할 정도로 아름답다. 여유롭게 천천히 거닐어 본다.

여행 TIP

1. 한국 식당에서 주문할 때 공기밥이 포함되는지 따로 지불해야 하는지 확실하게 물어 보자.
2. 여름 궁전에 갈 때 시간이 되면 지하철을 타고 역 구경을 하자. 미니버스를 타고 가는 것도 좋다.

8월 10일 수요일 맑음

지하철 토큰 35루블
여름 궁전 가는 버스 280루블(1인 70루블)
여름 궁전 입장료 2,100루블(성인 700루블, 학생 350루블)
햄버거, 음료수로 점심 식사 620루블
한국 식당 '서울' 2,280루블(갈비찜 1,100루블, 가자미구이정식 900루블, 공기밥 280(70 × 4) 루블)
슈퍼마켓 713루블

세계 4대 박물관의 명성은 결코 과장이 아니다! 에르미타주 박물관

주간 일기 예보를 보고 비가 내리는 마지막 날은 에르미타주 박물관에서 보내기로 했다. 영국의 대영 박물관, 프랑스의 루브르 박물관, 바티칸 박물관과 더불어 세계 4대 박물관으로 손꼽힌다. 오늘로 세계 4대 박물관을 다 보는 것이다. 박물관보다는 확실히 미술관이 더 어울리는 것 같다.

에르미타주 박물관은 1764년 예카테리나 2세가 자신의 미술 소장품을 모으면서 시작되었다. 전쟁에 의한 탈취의 전리품과는 다른 것이 특징이다. 5개의 건물에 300만 점 이상의 소장품들이 1,000여 개의 방에 나뉘어 전시되고 있다. 하루 종일 바쁘게 걸으면서 돌아보았는데도 아직 못 본 곳이 많이 있다. 최소 1박 2일은 보아야 한다. 한 가지 단점이라면 시간이 갈수록 눈이 높아지고 있다는 것이다. 역시 기대 이상으로 좋다.

사람의 예감이란 때로는 맞을 때가 있다. 만남은 예기치 않은 곳에서 이루어진다. 3박 4일 동안 시베리아 횡단 기차를 같이 타고 온 독일의 두 아가씨를 아주 반갑게 다시 만났다. 스쳐가는 만남이 아니고 다시 만날 것 같더라니. 그녀들도 내일 12시 비행기로 독일로 돌아간다고 했다.

관람을 마치고 밖으로 나오니 광장에 동화 속에 나올 법 한 멋진 마차가 있다. 파티를 즐기다가 밤 12시 종이 울려 깜짝 놀라 뛰어 가는 신데렐라가 떠오른다.

성당마다 의미와 사연이 있다! 피의 사원

비가 추적추적 내리는 날 운하 옆에 있는 화려한 성당이 주는 느낌이 이채롭다. 그리스도 부활 성당은 아버지의 죽음을 기리기 위해 건립한 피의 사원으로 더 많이 알려진 성당이다. 다른 사원과는 다르게 러시아 전통 건축 양식과 비잔틴 양식이다. 바실리 성당과는 비슷하면서 뭔가 모르게 다르다. 당시의 폭탄 테러로 피의 흔적이 내부에 있어 오늘같이 비 오는 날에는 분위기가 무겁다. 실내는 역시나 나를 감탄하게 한다. 지금도 이렇게 화려한데 그 당시에는 어떠했을지 타임머신을 타고 가서 보고 싶은 생각이 든다. 분명 성당 내부의 성화는 성당마다 의미가 다를 텐데……

상트페테르부르크에서 형님을 만나다! 넵스키 대로

나는 비를 좋아한다. 좀 더 정확하게 말하면 빗소리를 듣는 것을 좋아하고 비를 맞는 것은 좋아하지 않는다. 창밖에 부딪치는 소리, 우산 위에 떨어지는 소리를 좋아할 뿐이다.

외국에서 지인을 만난다는 것은 색다르고 또 다른 경험이다. 형님께서 교회 친구들과 여행 중인데 저녁 6시경에 호텔에 도착했다고 아내에게 카카오톡을 보내왔다. 비가 계속해서 내리는 와중에 피의 사원에서 출발하여 호텔에서 반갑게 만났다.

대중교통을 타 보고 싶고 번화가에 가 보고 싶다고 하신다. 환전을 해 드리고 택시를 타는데 작은 돈이 필요해서 호텔 로비에 물으니 바꿀 만한 돈이 없다고 한다. 한 블록 떨어진 슈퍼마켓에서 초콜릿을 몇 개 사면서 큰돈을 내니 좋아하지 않는다. 러시아 기념 선물로 맛보시라고 드렸다.

얀덱스 택시 2대에 분승해서 지하철역에 도착하여 토큰을 하나씩 드렸다. 길고 깊은 에스컬레이터를 타고 지하철에 오른다. 천장 벽화와 장식이 멋있을 것으로 기대한 환승역 두 군데에 갔으나 기대 밖이다. 또 다른 곳으로 가려니 그만 보자고 하신다.

해군성에서부터 알렉산드르 넵스키 수도원까지 뻗어 있는 상트페테르부르크의 대표적 중심 거리인 넵스킨 대로에 도착한다. 비가 내린

후라서 핑크빛 노을이 더욱 깨끗하고 아름다워 분위기가 좋다. 오늘
이 여행의 마지막 날이라 상트페테르부르크의 멋진 야경을 마음 가
득 담아 본다. 여행하는 시간이 시베리아 횡단 기차처럼 빠르게 지나
갔다는 느낌이다.

여행 마지막 저녁을 가이드 하느라고 분주하게 보냈다. 일행과 헤어
지고 APT 근처에 있는 한국 식당 '비원'에서 10시 넘어 늦은 저녁 식
사를 했다. 아무 사고 없이 건강하고 즐겁게 잘 마치면서 서로에게 감
사의 말을 한다. 하나님의 깊은 사랑과 은혜로 가족 모두 건강하고
행복한 여행에 깊은 감사를 드린다.

내일이면 러시아를 떠난다고 생각하니 아쉬움이 남는다. 언제 다시
올 것 같은 느낌이 드는 밤이다.

1. 귀국하는 비행기 티켓
2. 러시아 정교회성당
3. 폴코보 공항

　친절하고 성격 좋은 매니저 이반. 체크아웃을 하면서 초코파이 3개와 컵라면을 주니 오늘 아침 식사라며 해맑게 웃으며 좋아한다. 지금까지 머문 숙소 가운데 가장 편하게 잘 지낸 곳이다. 선선한 아침 공기에 하늘이 파랗고 여행하기 딱 좋은 날씨다. 즐겨 찾은 슈퍼마켓에 가서 선물로 줄 초콜릿을 비롯해서 여러 기념품을 구입한다.

　얀덱스 택시를 검색하니 공항까지 1,200루블인데 30분을 기다려도 잡히지 않아 숙소로 돌아와 이반에게 부탁했다. 620루블에 불러 준다. 현지인의 요금이 얀덱스 택시보다 저렴하다.

시내가 조금 정체되어 50여 분 만에 풀코보 공항에 도착했다. 어제는 피의 사원에서 호텔까지 20분 거리를 택시 기사들이 1,000루블 달라는 것을 협상해서 300루블에 갔었다. 관광객과 현지인의 차이를 체감하는 것이 택시 요금일 것 같다. 공항에 도착해서 팁을 포함해 700루블을 주었다.

여행 TIP

1. 에르미타주 박물관을 관람하기에 앞서 가이드북과 안내서를 잘 살펴 꼭 봐야할 것을 체크하고 동선을 줄이자. 학생은 무료 입장이다.
2. 그리스도 부활의 성당 내부도 볼 만하다. 6시 전에는 입장료가 250루블이고 이후에는 400루블이다.
3. 얀덱스 택시 이용이 여의치 않을 때 가격을 검색한 후 택시와 가격 협상을 하자.

8월 11일 목요일 종일 비

APT ⇒ 에르미타주 박물관 택시 150루블
에르미타주 박물관 입장료 1,200루블(학생 무료)
피의 사원 입장료 400루블
피의 사원 ⇒ 호텔 택시 300루블
호텔 ⇒ 지하철역 택시 220루블
형님 일행 선물 초콜릿 203루블
지하철 토큰 315루블(35루블 × 9명)
시내 ⇒ APT 택시 200루블
한국 식당 '비원' 저녁 식사 2,100루블

7

열사의 나라
카타르를 체험하다

I. 카타르 항공기의 기체 결함으로 연착

    공항은 언제나 설렘과 기대감, 안도감이 교차하는 곳이다. 난 공항의 이런 분위기를 좋아한다.

    상트페테르부르크의 풀코보 공항에서 출발하여 모스크바 공항에 도착했다. 카타르행 비행기를 타기 위해 국내선에서 국제선으로 이동한다. 역시 국제공항답게 규모가 크고 시야가 트인다. 러시아 출국 심사가 엄격하며 까다롭다. 여권 한 장 한 장 인식기로 위조 여부를 확인하더니 다시 눈으로 확인한다.

    상트페테르부르크에서 모스크바로, 모스크바에서 카타르 도하로, 카타르 도하에서 인천 공항으로 1박 2일 비행기를 탄다. 도하에서 환승하는 티켓도 요구하며 입국한 목적까지 묻는다. 대부분의 여자들은 나에게 친절하지만 아주 가끔 까다로운 여자도 있다. (인천 공항에서 출국할 때 기내 수화물로 애를 먹이더니……) 검색대를 통과할 때는 허리띠를 풀게 하고 만세를 하란다.

    모스크바 공항에서 도하로 가는 카타르 항공이 3시간 지연된다는 안내 문구가 뜬다. 드디어 러시아를 떠나는가 했는데 3시간 연장이라니. 나를 보내기가 못내 아쉬운가 보다.

도하에서 인천으로 가는 환승 시간이 1시간이라 답답한 마음에 현지 직원에게 몇 번 문의를 했다. 카타르 항공 직원이 올 때까지 기다려 보라고 똑같은 말만 되풀이 한다. 어차피 인천 가는 비행기를 타는 것은 불가능하다. 그 비행기가 또 연착한다고 해도 집으로 가는 공항 리무진 버스를 탈 수 없다.

그래, 이왕 이렇게 된 것 마음을 편하게 하자. 항공사의 문제로 연착이 되었으니 결국에는 항공사에서 호텔을 제공할 것이다. 마지막 여행이 어떻게 될지 기대된다.

2시간을 기다리니 카타르 항공의 여직원이 나와서 엔진 이상으로 점검을 하느라 3시간 넘게 연착이 되어 죄송하단다. 변경된 비행기 티켓을 주면서 친절하게 안내 설명을 한다. 잠시 후 저녁 식사와 생수를 제공해 주었다.

이런 경험이 몇 번 있었다. 홍콩 공항에서는 천재지변이라 공항에서 22시간을 머물면서 간단한 빵과 음료수만 받았었지만 항공사의 문제는 항공사에서 모든 책임을 진다. 기다리면서 독일 아저씨와 친해졌고 바르셀로나에서 온 미시족과도 이야기를 나눴다. 스페인까지는 3시간밖에 안 걸린다고 한다.

대합실에서 3시간의 기다림에 피곤했지만 이제 드디어 떠나는구나 하는 마음으로 비행기에 올랐다.

"어머, 한국분이세요? 반가워요. 좌석 번호가 몇 번이세요? 이따가 찾아뵐게요."

외국 비행기에서 한국인 승무원이 반갑게 인사를 하니 기분이 좋다. 치통으로 고생하는 효은이를 위해 진통제와 간식을 챙겨 주신다. 맛있는 기내식으로 오랜만에 야식을 즐긴다. 승무원의 아버지께서도 러시아 여행을 하고 싶다고 하신다. 귀국해서 블로그 서로 이웃이 되었다.

8월 12일 금요일 맑음

슈퍼마켓(선물용) 3,723루블
APT⇒상트페테르부르크 택시 700루블
공항 버거킹 점심 식사 638루블
면세점: 효은 핸드크림 30유로, 효준 나이키 반바지 2,000루블
호박 펜던트(선물용) 14,200루블

넷째 주 소계 1,207,051원

총 지출

현지에서 총 지출 3,349,761원(루블 환율 19원으로 계산)
떠나기 전 지출 5,613,347원
  - 항공 요금 2,841,064원(1인당 710,266원)
  - 시베리아 횡단 기차 2,076,643원(1인당 519,160원)
인천 공항 저녁 식사 20,000원
인천 공항 ⇒ 김천 리무진 버스 112,400원

총 지출 9,057,908원(1인당 2,264,477원)

가족 여행 경비를 23박 24일 동안 1,500만 원으로 예상했는데 생각보다 적은 약 900만 원이 들었다. 항공 티켓과 시베리아 횡단 기차 티켓을 일찍 예매하고 저렴한 숙소를 이용해서 그런 것 같다. 러시아, 몽골 여행 패키지를 따로 검색해 보니 한 사람당 평균 500만 원이 넘는다.

2. 카타르 도하(이슬람 아트 뮤지엄)

여권에 새로운 나라의 스탬프가 추가되는 것은 기분 좋은 경험이다.

도하 공항 트랜스퍼 데스크에서 친절한 설명과 함께 호텔 쿠폰을 준다. 공항 문을 나서자 훅하고 뜨거운 열기가 순식간에 쓰나미처럼 내 몸을 감아 돈다. 안경 렌즈와 카메라 렌즈까지 물기로 축축하다. 옷을 입은 채로 습식 사우나실에 들어온 느낌이다. 이렇게 덥고 습한 나라는 처음이다. 한낮 온도가 43도이며 바닷가여서 더욱 그런 것 같다. 열사의 나라가 이런 곳이구나. 순간적으로 중동 근로자들의 심정을 이해하게 되었다. 오전 6시 30분에 이 정도라니.

호텔에서 제공된 미니버스로 HORIZON MANOR HOTEL에 도착했다. 거리의 풍경들이 낯설기만 하다. 공항에서 5㎞ 떨어진 별 4개 호텔이다. 프론트에서 열쇠 2개와 세끼 식사 및 카페테리아 쿠폰을 준다. 하룻밤 숙박에 아침 식사 포함 500달러란다.

커다란 객실 2개가 제공되었다. 생각보다 넓고 깨끗하다. 카타르 항공을 예약하면서 은근 기대했었다. 역시 내 예상이 맞았다.

القادمون
Arrivals ✈ ←

이렇게 24박 25일의 여정에 카타르의 도하가 추가되었다. 마지막 여정을 이렇게 하나님께서 예비해 주심에 감사의 기도가 나온다.

"합력하여 선을 이루시는 나의 하나님! 주님의 사랑과 은혜의 인도하심에 감사드립니다. 하나님 최고입니다."

여행하면서 입맛에 따라 먹고 싶은 것을 마음껏 먹을 수 있는 뷔페가 그리웠었다. 이른 아침 식사를 신선한 열대 과일과 주스, 카타르 요리로 싱글벙글 즐겁게 했다. 그리고 뜨끈한 물을 받아 반신욕을 하고 편하게 잤다. 이보다 더 좋을 수가 없다.

잘 차려진 점심 식사를 하러 방을 나선다. 종업원들이 인사성도 밝고 친절하다. 대부분 해외에서 온 근로자인 듯하다. 영어가 유창한 흑인이 서빙을 한다. 러시아 사람과는 또 다른 호의가 느껴진다. 몇 시간의 비행으로 사람도 풍경도 음식도 다른 것을 체험하는 것은 여행의 묘미다. 뷔페의 여러 요리들과 분위기가 인도를 많이 닮았다. 3개월 동안 인도를 일주하면서 맛나게 먹었었다. 오감 중에서 후각이 가장 오랫동안 남는다.

아무리 더워도 카타르의 도하에 와서 호텔에만 머물 수는 없다. 프론트에 가서 주변에서 관광할 곳을 추천해 달라고 하니 시내 지도는 없고 박물관은 휴관이라고 한다. 바닷가로 산책을 나서자 건물과 거리들로 인해 중동의 나라에 온 것이 실감난다.

저 멀리 멋진 건물이 보인다. 무엇일까? 멋진 외관만큼 내부 인테리어가 아름다운 이슬람 아트 뮤지엄이다. 시원한 실내가 우선 마음에 든다. 넓고 깨끗한 4층 규모의 박물관과 미술관의 분위기가 난다. 뜻하지 않게 카타르의 문화와 예술을 접하게 되어 기쁘고 만족한다.

2022년에 월드컵을 개최하면서 경기장 전체에 에어컨을 설치해 가동한다고 관심을 모았던 카타르의 복지 정책에 대해서 언급하지 않을 수가 없다. 작은 나라임에도 석유가 많이 생산되어 돈이 많다고 한다. 매달 500만 원씩 평생 지급된다. 주택은 무상 제공되며 세금이 없다. 출산하면 축하금 1억이 지급되며 평생 230만 원씩 매달 지급된다. 모든 교육이 무상이며 유학까지 보내 주는 나라가 경상도 크기의 카타르이다. 이 나라에 태어나면 평생 돈 걱정 없이 살 수 있다. 하지만 너무 덥다. 복지가 무엇인가? 빚 걱정 없이 꼬박꼬박 이자를 내지 않고 살고 싶다.

인생은 마음을 가꾸는 시나리오다. 여행은 사람을 성숙하게 발전시킨다. 가족과 함께한 여행이라서 더욱 좋았다.

인생은 늙어가는 것이 아니라 익어 간다고 한다. 이번 여행을 통해 나와 우리 가족은 얼마큼 인생길에서 자양분이 되어 익어 갈까? 확실한 것은 잘 시도했고, 값어치 있고, 좋았다는 것이다.

러시아, 몽골, 카타르까지 24박 25일의 여행을 잘 마치고 건강하게 인천 공항에 도착했다. 설렘과 기대감으로 출발한 것이 어제처럼 또렷하다. 여전히 공항은 사람들로 북적인다. 한글이 보이고 우리나라 말이 쏟아지고 있다.

보험사에 청구하기 위해서 카타르 항공사에 항공기 지연 사유 서류를 신청하고 아시아나 항공사에서는 마일리지를 적립했다. 내년 여름 방학에 미국에 갈 때 한 사람은 마일리지로 갈 수 있을 것 같다.

1. 항공사의 책임으로 4시간 이상 지연되었을 때는 항공사에서 모든 책임을 진다. 여행
   자 보험에서는 체류하는 기간 동안 본인이 지불한 금액에 대해서 영수증을 제출하면
   보장해 준다. 그런데 여기서 반드시 알아야 할 것이 있다. 항공사에서 제공하는 호텔
   과 식대는 본인이 지불하지 않았기 때문에 보장되지 않는다. 항공사에서 제공되는 호
   텔 식대를 현금으로 요구할 수가 있다. 본인이 지불하고, 숙식을 해결하고, 청구하면
   여행자 보험 한도액에서 보장받을 수 있다. 그러나 보통 한도액보다 제공되는 서비스
   가 더 크다. 단, 혼자 여행이라면 항공사에서 제공되는 숙박비와 식대 일체를 돈으로
   받고 보험 한도 내에서 숙식을 해결해 보험사에 청구하는 것이 좋을 듯하다.

여행기를 마치며

　서울에서 부산까지 410㎞, 산티아고 순례길 800㎞, 무궁화 삼천리 화려한 금수강산 약 1,110㎞, 중국 만리장성 2,700㎞, 내년에 갈 미국 대륙 횡단이 3,959㎞.

　모든 것에는 길이 있습니다. 가야 할 목적이 확실하면 어떠한 어려움이 있더라도 갈 수 있는 길이 있다는 것을 경험했습니다. 물론 바르게 안내할 정확한 지도와 전문적인 가이드가 있으면 훨씬 편리합니다.

　자유로운 배낭여행자가 된 우리 가족은 시베리아 횡단 기차를 타는 여행을 하면서 색다르고 좋은 경험들을 하였습니다.

　모스크바에서 블라디보스토크까지 시베리아 횡단 기차의 총 길이는 9,288㎞입니다. 모스크바에서 상트페테르부르크까지 714㎞를 더 달리고, 울란우데에서 몽골 울란바토르를 거쳐 이르쿠츠크까지 약 1,000㎞를 추가하면 약 12,000㎞를 다녔습니다. 지구 둘레가 약 40,000㎞이니 1/4 넘게 비행기, 기차, 버스를 타고 걸어서 여행한 것이 됩니다. 귀국할 때 카타르의 도하를 하루 머물렀으니 어쩌면 지구 반 바퀴를 여행했다고 할 수 있겠습니다.

　오늘도 변함없이 해와 달이 번갈아 지구를 밝혀 줍니다. 이제 잠시 숨을 고릅니다. 또 다른 시작을 하기 위해 스스로 돌아보는 힘을 기릅니다. 언젠가는 내가 진정으로 원하는 자유인 되어 다시 길 위에서고자 합니다.

오롯이 가족과 함께한 여행이 행복했습니다.

앞으로 어떻게 될지는 알 수 없습니다. 아내와는 계속 할 것이며 효준, 효은이와 함께 하면 더욱 좋겠습니다. 내년 미국 대륙 횡단 여행이 기다려지고 기대가 됩니다.

중학교 백일장에서 장원을 비롯해 상을 몇 번 받았습니다. 1992년 세계 여행을 하면서 여행 가이드북을 출간하려고 준비하다가 3개월 동안 인도 일주를 하면서 다 부질없다는 생각이 들어 마음을 접었습니다. 2005년부터 2007년 초까지 필리핀에서 가족과 함께 공부하고 여행하면서 살아온 생활기를 책으로 내 볼까 하는 생각도 했었습니다. 대학원 재학 시 교수님과 원서 번역 스터디를 한 것이 책으로 출간되었는데 내 이름을 보며 기분 좋았던 기억이 있습니다.

2016년은 책을 출간하여 저에게 의미 깊은 한 해로 특별하게 기억에 남을 것 같습니다. 지금 이 순간이 나의 생애에서 가장 젊은 때이기에 다시 용기 내어 시작해 봅니다.

다 스비다냐!

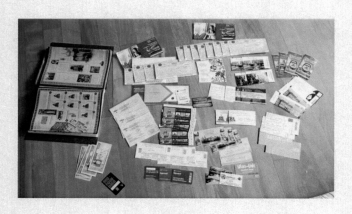

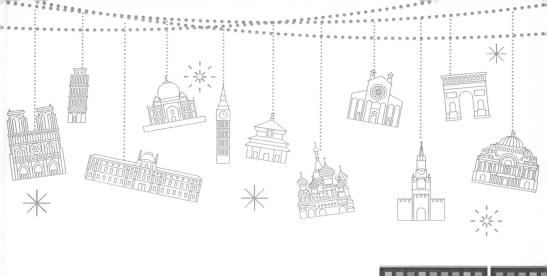

특별 부록

1. 가족 여행 후기

....

여행 후의 소감 및 인상 깊었던 곳

태효은(경북대학교 1학년)

여행하는 게 좋다. 매일 똑같은 환경에서 벗어나 새로운 곳을 볼 수 있다. 특히 상대적으로 내가 가 본 여행지는 우리나라보다 더 자연적이고 옛것이 잘 보존되어 있어 구경할 맛도 났다. 예쁜 꽃들, 건물들을 보면 아무 생각 없이 감상할 수 있게 된다. 외국에 가기 전에 비행기를 타는 느낌도 좋고, 타기 전 소지품을 검사하는 긴장감도 좋고, 기내식이 무엇보다 좋고, 착륙해서 우리 짐을 찾는 것도 좋다.

나는 항상 비행기는 기내식 먹는 맛으로 탄다고 말하고 다니곤 했다. 이번에도 여느 때처럼 "Chicken or Beef?" 또는 "Fish or Egg?" 등 맛있는 걸 고르길 기대했다. 그런데 러시아 비행기가 뜨고 몇 분이 되지도 않았는데 샌드위치와 음료수를 나눠 주는 것이다. 샌드위치를 좋아하기 때문에 이것도 나쁘지 않다고 생각했다.

막상 한 입을 베어 문 순간 알았다. 이건 내가 다 못 먹을 맛이었다. 소금에 절인 연어와 딱딱하고 비쩍 마른 식빵 한 곳에 대충 집중적으로 바른 느끼한 크림치즈까지. 벌써 러시아에 갔다 온 지 두 달이 되어 가는 지금, 러시아에 있었던 한 달을 생각하기 전 첫날을 떠올려 보면 샌드위치가 제일 먼저 떠오른다. 그래도 한국에서는 먹어 보지 못한 맛이라 이 맛 또한 잊고 싶지 않고 잊히지 않을 맛이어서 좋았다.

우리는 약 한 달을 여행하면서 많은 음식을 먹었다. 물론 그중의 반을 전투 식량과 컵라면이 차지했지만 말이다. 여행 가이드북에 나온 것도 먹고, 지도를 찾아 맛집도 검색해서 가 보고, 길거리 음식 등 나름 현지인들처럼 다양한 음식들을 많이 먹었다. 감사하게도 우리 가족 모두 음식을 가리거나 못 먹는 것 없는 여행 체질이라 이것저것 다양하게 맛보았다.

제일 잘한 것은 쉑쉑버거를 먹은 것이다. 또 유명한 패밀리 레스토랑에서 샤슐릭과 스테이크를 먹었고, 몽골에서 먹은 양고기 허르헉도 정말 내 취향이었다. 그 외에도 체부렉, 보르쉬 초콜릿, 샹그리아 페르미니, 블린 모르스 등 많은 맛있는 음식을 먹었다.

마지막 주에 한식집을 줄줄이 찾아다니며 먹은 게 정말 맛있었다는 건 기분 탓이겠지. 집에서 맨날 먹던 된장찌개, 김치찌개, 비빔밥을 여기서 먹으니까 더 반갑고 맛있게 느껴졌다. 엄마도 남이 해 줘서 더 맛있다고 했다. 역시 우리는 한국인임을 새삼 깨닫게 해 주었던 게 아닐까 싶다.

이번 여행은 운이 좋게 대부분의 날씨가 화창했고 사진 찍기 좋은 하늘이었다. 러시아에 가기 전 내가 서프라이즈로 준비한 것이 있는데 셀카봉, 드라이 샴푸, 선 스프레이였다. 유용하게 잘 사용했다. 그리고 열차 안에서는 와이파이가 안 터지고 데이터도 없어서 오빠가 다운받아 준 드라마와 노래로 시간을 잘 보냈다. 이렇게 오프라인으로도 즐길 거리가 있어 줘야 그나마 지루한 시간을 버틸 수 있는 것 같다. 아니면 먹고 자고만 반복했을 것이다.

그리고 우리가 갔던 방향은 지구 자전의 반대 방향이라 모스크바에 가까워질수록 우리나라와의 시간 차이는 벌어졌다. 그래서 열차에 있는 동안 한국 시간, 모스크바 시간, 다음에 내리는 도시의 시간이 그때그때 달라서 계산하는 재미도 있었다. 요즘은 스마트폰이 너무 똑똑해서 데이터 와이파이가 없어도 GPS로 현재 내가 있는 곳의 시간이 알아서 바뀌는 게 너무 신기했다. 또 나 같은 길치에 기계치는 생각도 못하는 현지 택시 예약하기부터 유심 칩을 구입해 어플로 지도를 보고 숙소까지 찾아가는 것도 신기할 따름이었다. 다행히 우리 가족은 역할 분할이 잘 되어 있어서 이번 여행이 순조롭게 진행된 것 같다.

러시아에 갔다 와서 느낀 것이 있다. 열차 안에서는 우리 칸 주변 사람들을 관찰하게 되는데 러시아인들은 덩치도 크고 무뚝뚝한 반면에 이야기도 소곤소곤 조용하게 하고 자신들의 짐은 항상 깨끗하게 정리해 둔다. 마치 서양판 일본인을 보는 것 같았다. 또 잊을 수 없는 게 그 사람들의 암내였다. 모두 다 그런 건 아니지만 많은 사람들 옆에 지나가면 절로 코를 막게 되고 얼굴을 찡그리게 된다. 특히 좁고 사람 많은 공간에서는 숨도 못 쉴 지경이어서 한국에 돌아와서도 며칠간 밥을 먹는데 그 냄새가 생각날 정도였다.

지금 와서 제일 인상에 남았던, 좋았던 도시를 꼽으라 한다면 모스크바를 택할 것 같다. 대표 거리인 아르바트 거리는 우리 숙소에서 그리 멀리 떨어져 있지도 않았고 다른 곳에 가기 위해 많이 지나다니기도 했던 곳이다. 지금은 구 아르바트 거리와 신 아르바트 거리로 나뉘어져 있는데 신 아르바트 거리는 서울처럼 최근에 지어진 현대식의 넓고 투명한 유리창으로 된 높은 빌딩이 주를 이루는 반면에, 구 아르바트 거리는 온통 아기자기한 건물과 상점들 예쁜 꽃들로 꾸며져 있어서 맑은 날씨에 카메라만 들이밀면 어디든 작품이 되는 곳이다.

그곳을 지나다니면서 그 전부터 책자를 보며 먹고 싶었던 무무에 가서 음식을 종류별로 먹었고, 무엇보다 한국에서 도저히 내가 먹을 수 없는 쉑쉑버거를 먹었다. 쉑쉑버거를 먹기 전에 많은 일들이 있었는데 부모님은 그게 얼마나 먹기 힘든지도 모르셨다. 나중에 먹으면 된다고 미루시는 걸 억지로 떼를 써서 간 곳이었다. 그런데 한국과 다르게 자리가 널널했고 들리는 말의 반 이상이 한국말이었다. 아마 모스크바에 오면 한국인들은 다 이걸 먹으려고 할 것 같다. 확실히 M사나 L사보다 부드럽고 진짜 고기의 맛이 났다. 게다가 한국 가격보다 싸고 훨씬 이국적인 맛이어서—언제 또 먹을 수 있을지는 모르겠지만—또 사 먹고 싶다. 나중에는 LA에 가서 인 앤 아웃을 먹어 보고 싶다.

크렘린 궁전을 비롯해 붉은 광장 건너에 있는 굼 백화점, 바실리 성당, 역사 박물관 등 한 곳에 유명한 관광지가 다 몰려 있었다. 광장 한복판에서 모든 방면으로 사진을 찍었다. 큰 궁전을 돌아보기 전 낮의 풍경과 밤이 되어 조명으로 꾸며진 야경 둘 다 멋있었다.

그리고 '모스크바' 하면 지하철이 생각나는데 우리나라와 비교가 안 되게 정말 땅 깊숙이 빨려 들어가는 것처럼 지하 속에 위치해 있었다. 너무 신기해서 동영상을 촬영해 봤는데 에스컬레이터를 타는 시간만 3분이 훌쩍 넘었다. 게다가 어떤 역에는 그 도시를 대표하는 벽화들이 걸려 있고 모자이크 형식, 석상, 스테인드글라스 등 다양한 방식으로 역 안을 밝히고 있어서 색다른 곳을 구경하는 기분이었다. 또 배차 간격이 1분이어서 유명한 역들을 구경하고 다시 타기를 반복하는 거나 러시아어로 된 역을 읽으며 찾아가는 것도 재미있었다.

그리고 또 좋았던 곳은 여름 궁전이다. 드넓은 정원과 관리가 아주 잘된 나무들이 끝도 없이 펼쳐져 있고 가는 곳마다 큰 분수와 금으로 뒤덮인 동상들의 모습은 내가 이상적으로 상상하고 그려왔던 곳이었다. 박물관을 기준으로 앞에는 정원수들이, 뒤에는 분수에서 바다까지 흐르는 물이 있었다. 인공적이지만 자연스럽다고 해야 할까, 너무 호화스러웠다.

궁전 맞은편에 있는 에르미타주 박물관도 정말 크고 화려함 그 자체였다. 안에 전시된 작품들이 많아 하루를 투자했는데도 다 둘러보지 못했다. 몇몇 그림은 많이 본 것이라서 감상하는 데 도움이 되었다. 궁전 내부가 미로처럼 역사 시대를 모두 구분해서 안내 지도를 보고 가는데도 헷갈렸다.

그리고 마지막으로 마린스키 극장에서 본 '백조의 호수' 발레가 인상 깊었다. 그때는 치통으로 고생하던 때라 잠이 부족해서 그 아름다운 발레 공연에 집중을 잘 못했지만 극장 내부도 그렇고 전문적인 무용수들의 몸짓이 너무 아름다웠다. 상트페테르부르크에 있으면서 다녀 본 곳이 너무 호화스러워 배낭여행인데도 불구하고 즐겁게 눈 정화를 잘한 것 같았다.

그런데 지금 와서 생각해 보면 내 기억 속에 남는 곳은 죄다 상트페테르부르크에 있는 에르미타주 박물관, 여름 궁전, 마린스키 극장에서 본 마린스키 발레단의 '백조의 호수' 등 우아하고 화려하고 볼 것 많은 곳이다. 블라디보스토크에서 시베리아 횡단 기차를 타고 오면서 자연을 지나 가장 웅장한 건물을 먼저 본 게 그림 속에나 있을 법한 바실리 성당과 붉은 벽돌 성벽으로 둘러싸인 크렘린 궁전이다 보니 화려한 곳들이 마음속에 깊이 새겨졌나 보다. 그래서 그런지 지금도 다시 가고 싶은 도시를 꼽으라면 모스크바와 상트페테르부르크를 말하고 싶다.

이번 여행을 하면서 무엇보다도 우리 아빠에게 제일 감사하다. 여느 일반적인 경상도 아저씨가 우리 아빠였다면 해외여행은 이때까지 꿈도 꿔 보지 못했을지 모른다. 실제로 내 친구들이 그랬다. 다행히 우리 아빠는 적극적이고 활동적이고 자상하다. 그 때문에 어렸을 때부터 부모님과 함께 해외여행도 많이 했다. 필리핀에서 2년 동안 가족과 함께 유학 생활도 했다. 이번엔 오로지 우리 아빠표 여행을 떠나게 된 것이다. 아빠가 아니었더라면 이 많은 시간을 투자해서 시베리아 횡단 기차표, 숙소, 관광 계획을 어떻게 할 수 있었을까?

몽골의 국립 공원 테를지를 가다

안미경(중학교 음악 교사)

　시베리아 횡단 기차를 타고 3박 3일을 꼬박 달려 울란우데에서 하루를 있었다. 우리와 많이 닮은 동양계 사람들과 서양 사람들이 어우러져 사는 뷰랴트 공화국이다. 친절한 아주머니가 자신의 승용차를 기꺼이 태워 주셔서 예약해 두었던 숙소까지 쉽게 갈 수 있었다.

　하루에 한 번 있는 국제 버스표 매진으로 로컬 대중교통을 이용하여 국경 넘기를 감행했다. 또 다시 고려인 부부가 몽골로 가는 차편을 알선해 주셔서 드디어 몽골로 들어가게 되었다. 북한과 대치되어 있는 우리나라의 특성상 육로로 국경을 넘는다는 자체가 신기했다. 입국 심사대를 통과할 때마다 죄인이 된 듯한 이 느낌은 나만 느끼는 걸까? 사회주의 나라라는 사실을 깜박 잊었다가도 새삼 깨닫게 된다.

　끝없는 초원을 하루 종일 달려도 도시가 보이지 않는다. 테를지 국립 공원을 가기 전까지는 하루 종일 보고 왔던 초원에서 게르와 승마 체험을 하겠지 생각하며 큰 기대를 갖지 않았는데 남편이 패키지 투어를 신청했다. 우리를 태운 차가 도시 외곽을 1시간 반을 빠져 나가니 새로운 풍경이 눈에 들어왔다.

　산과 초원이 어우러진 아름다운 풍경이었다. 지난 5월에 설악산을 갔을 때 '정말 아름답다. 사방 어디를 찍어도 멋진 풍경이구나.'라며 감탄했었는데 이곳은 설악산의 아름다운 산세와—아직 가 보지는 않았지만 화면으로 본—스위스, 오스트리아의 멋진 풍경을 다 합쳐 놓은 듯했다.

　"참 아름다워라, 주님의 세계는. 주 하나님 지으신 모든 세계."

찬송과 감탄이 절로 나오는 풍경이다. 카메라 앵글을 어디다 두어도 작품이다.

속세를 떠난 하루였다. TV, 인터넷 등 디지털 전자 기기와는 잠시 이별하고 오로지 자연과 들꽃을 벗하며 하루를 오롯이 보내고 왔다. 효준이가 직접 몽골 대사관에 가서 신청한 비자를 받아 어렵게 들어온 나라를 2박 3일 만에 나가기는 아깝고 아쉬운 마음도 남았다. 또 다음을 기약하며 베이징發 국제선 열차에 또 몸을 싣는다.

우리 가족의 여행 마지막 날이다. 비 소식이 있다는 일기 예보를 보고 실내 활동인 에르미타주 미술관 일정을 오늘로 미뤘다. 에르미타주 미술관은 하루 종일 봐도 다 못 본다는 가이드북의 소개를 보고 조금이라도 일찍 나서고 싶은 마음이 간절했지만 기대를 접는다. 한국식 아침 식사를 챙겨 먹고 계란 프라이와 남은 채소를 넣은 샌드위치도 싸서 배낭에 넣는다.

이번 여행에서는 얀덱스 택시 덕을 톡톡히 본다. 미술관 입구에는 벌써 어마어마한 줄들이 늘어서 있다. 국제 학생증 소지자는 따로 줄서서 무료입장권을 받아야 하기 때문에 자동판매기에서 입장권을 산 우리 부부는 먼저 입장했다.

미술관에 입장하면서 체력이 방전이다. 미로 같아 구조 파악이 안되어 안내 지도를 보고 찾아가기도 어렵고 힘들다. 그렇지만 옛 궁전다운 화려하고 아름다운 작품들을 보고 있자니 눈이 호강한다.

아침에 싸 온 샌드위치로 점심을 해결하고 별관의 특별 전시장까지 지치도록 걸었다. 하루 종일 비가 내린다. 그래도 우리는 걸었다. 마지막 피의 사원을 보러 가기 위해서였다. 네바 강을 끼고 지어져 아름다웠다. 모스크바 성 바실리 성당과 유사하게 지어진 건물이었다.

이렇게 우리 가족의 여행 일정이 마무리 되는 날, 북유럽 패키지여행을 떠난 오빠 일행의 막바지 일정과 맞물렸다. 상트페테르부르크 외곽 호텔에 도착했다는 연락을 받았다. 20여 분 택시를 타고 호텔에 도착하니 로비에는 일행 몇몇 분이 앉아 있었다. 30여 년 만에 만나는 오빠 친구이자 같이 신앙생활을 했던 교회 오빠, 언니들이었다. 다 같은 여행자 신분으로 낯선 땅에서의 만남은 더더욱 반갑고 30여 년 전의 그 시절로 잠시 돌아가는 느낌이었다.

저녁 시간에 잠시 시내 구경과 대중교통 체험을 하고 싶다는 제의에 사흘 먼저 경험한 우리 가족이 가이드 역할을 해야 했다. 택시 두 대를 나눠 타고 지하철로 넵스키 대로까지 동행을 했다.

잠깐의 반가운 만남을 뒤로 하고 우리는 또 걷는다. 주린 배를 채우기 위해.

이번 여행에서 인상 깊었던 곳

태효준(서울대학교 3학년)

비행기에서 먹은 샌드위치는 딱딱하고 짰다. 심지어 토마토주스도 짰다.

공항에서 블라디보스토크 시내로 가려면 버스를 타야 하는데 예상치 못한 그냥 작은 봉고차였다. 말도 안 통하는데 다음 차까지 한 시간 동안 기다려야 하나 했다. 그러나 운 좋게 부인은 러시아 사람이고 남편은 우리나라 사람인 가족과 함께 봉고를 타고 숙소까지 무사히 도착했다.

솔직히 우수리스크는 안 가느니만 못했던 것 같다. 볼 것도 별로 없었고 시간이 너무 비어 하릴없이 역에서 기다리기만 했다.

울란우데에서도 몽골로 가는 버스가 매진이 되어 표를 못 샀다. 다행히도 국경 지대로 가서 국경을 넘고 거기서 다시 차편을 구하는 방법이 있었지만 말도 잘 안 통하는데 무사히 도착할 수 있을지 걱정이었다.

그러나 이번에도 정말 감사하게 같은 밴을 타고 가던 사람들 중에 현지에서 오래 사신 고려인 부부가 계셨다. 짐도 많았는데 국경 지대까지 차도 태워 주시고 차편도 구해 주셨다. 일단 러시아를 벗어났기 때문에 휴대 전화를 사용할 수가 없었는데 운전하는 분을 통해서도 중간중간 잘 가고 있는지 확인 전화도 해 주셔서 안심하고 울란바토르 숙소까지도 무사히 잘 도착했다.

울란바토르

몽골은 러시아와 중국의 사이에 위치해 있어서 그런지 두 나라를 절묘하게 섞어 놓은 듯한 느낌을 받았다. TV에서 봤던 칭기즈칸 동상을 실제로 봤더니 훨씬 어마어마했다. 전망대에 올라가서 보니 바람도 많이 불고 아찔하기도 했다. 테를지 국립 공원으로 들어가니까 초원이 끝없이 펼쳐졌던 이전의 풍경과는 또 다르게 커다란 암석과 산으로 둘러싸인 모습이 있었다. 그런 경치를 보면서 말도 타고 바쁜 일상에서 벗어난 기분을 만끽했다. 아쉽게도 밤새 비가 오는 바람에 몽골 밤하늘의 별은 보지 못했다.

올혼 섬

세계에서 가장 깊다는 바이칼 호수. 깊이도 깊지만 면적도 엄청나 바다처럼 보였다. 하지만 짠맛이 안 나고 엄청 맑아서 신기했다. 이르쿠츠크에서 밴을 타고 6시간 정도 한참을 달려서 바이칼 호수에 도착했는데 포장도 안 된 길을 그렇게 달렸음에도 타이어가 멀쩡한 게 다행이었다. 배를 타고 호수를 건너는 시간은 금방이었지만 다시 밴을 타고 숙소까지 한참을 들어가야 했다. 예전 중국을 관광할 때 경험한 버스 서너 시간은 아무것도 아니었다.

올혼 섬에서 1박을 더 하고 북부 투어를 할지 모스크바나 상트에서 1박을 더 하며 돌아다닐지 고민하다 결국 후자를 택했는데 지금 생각해 보니 조금 아쉽기도 하다. 발만 담그고 온 느낌? 겨울의 바이칼 호수가 정말 멋있을 것 같다. 특산품이라는 오물이라는 이름의 생선을 먹었는데 삭힌 것 같기도 하고 식감은 약간 연어 같기도 하고.

모스크바

모스크바에 도착하니 가 본 적은 없지만 유럽 같다는 느낌이 처음 딱 들었다. 길거리에 있는 건물들이 다 그냥 예쁘다. 하늘도 예술이라서 어떻게 찍어도 작품이었다. 바실리 성당은 겉모습만큼이나 내부도 엄청 화려했다. 대신 크렘린으로 들어가는 줄은 너무 길었다. 날도 너무 좋아서 햇볕은 따가웠다. 그리고 러시아 사람들의 체취는 정말 괴롭다.

항상 날씨가 좋을 수는 없지만 또 하필 유람선 탔을 때 비가 왔다.

상트페테르부르크

기차 아니면 게스트 하우스에서 지내다가 APT를 통째로 사용하니 너무 편했다.

또 내가 대학교에 입학했을 때 야구부 주장이었던 형을 잠깐 만나고 왔는데 평소에도 정말 존경하는 형을 멀리 떨어진 타국에서 만나니 더 반가웠고, 세계적인 마린스키 극장에서 발레 '백조의 호수'를 관람할 때는 공연 도중 플래시를 터트리는 사람이 있어 놀랐다.

에르미타주 박물관은 괜히 세계 3대 박물관이 아니었다. 우리나라 박물관은 뭔가 따분한 느낌이 드는데 화려한 보석과 중세 기사의 갑옷과 무기 등 다양한 볼거리와 원래 궁전으로 사용되었던 곳이라 눈을 즐겁게 해 주었다. 규모도 어마어마해서 결국 다 둘러볼 수가 없었다.

그리고 여름 궁전의 내부는 관람하지 않았지만 주위의 화려한 분수와 공원들만 보아도 충분히 짐작이 간다.

카타르

 계획에 없던 카타르는 정말 대단했다. 그때 한국도 기록적인 폭염이었지만 최고 43도의 중동의 날씨란. 습한 데다가 갈아입을 옷이 없어서 나가길 포기하고 호텔에만 있었다. 이런 날씨의 나라에서 월드컵을 개최한다니 끔찍하다.

 앞으로 여행할 땐 무조건 짐을 간소하게 할 필요가 있을 것 같다. 러시아라고 해서 으레 추울 것이라 생각하고 두꺼운 옷들을 챙겼는데 예상 외로 날이 좋아서 부피만 차지하고 거의 입을 일이 없었다. 막판에 비가 와서 좀 쌀쌀하긴 했지만 카타르에 가면서 춥다는 느낌은 완전 잊어버렸다.

 또 이번 여행의 주요 키워드로 비용 절감을 들 수 있는데 바로 먹거리를 통해서라고 할 수 있다. 한 트렁크를 전투 식량으로 꽉꽉 채워 무겁게 끌고 다녔는데 애초 계획과는 다르게 다 먹지 못하고 기념으로 몇 개 한국으로 들고 왔다. 처음 블라디보스토크로 출국할 때 수화물 기준을 맞춘다고 힘을 뺐던 것을 생각하면 허탈하기도 하다.

 가족 여행이어서 좋은 점도 많았지만 그만큼 불편한 점도 있었다. 별로 나서기를 좋아하지 않는 내 성격상 새로운 사람들과 친해진다는 게 큰 부담으로 느껴질 수 있지만 또 나도 모르는 내 모습이 나올 수도 있다. 친구들이랑 같이 있을 때 더더욱 그런 경우가 많다.

 흔히들 오랜 여행을 다녀오면 일행과 충돌이 있기 마련이라고 한다. 우리가족은 서로를 알아가며 무난히 잘 다녀온 것 같다. 좋은 기회였으며 좋은 부모님을 둔 덕이라 생각하고 감사하게 생각한다.

특별부록 2~6번은 여행준비하면서 많은 도움을 받았던 카페 러사모 (러시아를 사랑하는 모임) 운영자의 허락을 받아 러사모에서 발간한 '러시아 자유여행 가이드북'의 일부를 발췌해 실었습니다.

2. 러시아에서 필요한 어휘

아주 유용하고 필수적인 표현들만 모았다. 발음을 한국어로 표시해 놓았지만, 러시아어는 억양이 조금이라도 다르면 못 알아 듣는 경우가 많으므로 그럴 경우 단어를 직접 보여주는 것이 좋다.

▌숫자

0 ноль (놀)
1 один (아진)
2 два (드바)
3 три (뜨리)
4 четыре (취뜨리)
5 пять (빠쯔)
6 шесть (쉐스쯔)
7 семь (쎔)
8 восемь (보씸)
9 девять (제비쯔)
10 десять (제시쯔)
100 сто (스토)

▌장소

안내소 справочное бюро (스쁘라보취노예 뷰로)
기차역 вокзал (바크잘)
버스정류장 автобусная остановка
　　　　　　(압토부스나야아스타노프카)
화장실 туалет (뚜알렛)
- 여자 화장실 Ж / 남자 화장실 M
환전소 обмен валюты (압멘 발륫띄)
인터넷카페 интернет-кафе (인쩨르넷-까페)
공중전화 телефон-автомат (찔리폰-압또맛)
레스토랑 ресторан (레스또란)
공항 аэропорт (아에러뽀르뜨)
대합실 зал ожидания (잘 아쥐다니야)
호텔 отель (아쩰)
버스정류장 остановка (아스따노프카)
육아실 комната матери и ребёнка
　　　　　　(꼼나따 마쩨리 이 리뵨까)
분실물 센터 бюро находок (뷰로 나호덕)
보관소 камера хранения (까메라 흐라녜니야)
슈퍼 магазин (마가진)
매표소,계산대 касса (까싸)
ATM банкомат (방까맛)
패스트푸드점 бистро (비스트로)
스낵바 закусочная (자꾸소치나야)
찻집 чайная (차이나야)
맥주집 пивная (삐브나야)

▌교통

승차권 билет (빌렛) 지하철 метро (미뜨로)
택시 такси (딱시)

E-티켓 электронный билет (일렉뜨론늬 빌렛)
승무원 проводник (쁘라보드닉)/
기차 поезд (뽀에즈드)
버스 автобус (압또부스)
좌석 место (메스떠)
편도 в один конец (브 아진 까녜츠)
왕복 туда и обратно (뚜다 이 아브라뜨나)
거스름돈 сдача (스다차)
출발 отправление (앗쁘라블레니예)
도착 прибытие (쁘리븨찌예)
시간표 расписание (라스삐싸니예)
플랫폼 платформа (쁠랏뽀르마)
짐 багаж (바가쉬)
출구 выход (브이홋) / 입구 вход (브홋)
통로 проход (쁘라홋)
기차의식당칸 вагон-ресторан (바곤레스따란)
팁 чаевые (차에븨)
돈 деньги (젠기)

▌우체국

우체국 почта (뽀취따)
우표 марка (마르카)
봉투 конверт (깐베르뜨)
엽서 открытка (앗끄리뜨까)
소포 посылка (빠슬까)
특급 우편 экспресс-почта (익스프레스 뽀치따)
우체통 почтовый ящик (뽀취타븨 이쉭)

▌기타

아침 утро (우뜨라) / 저녁 вечер (베춰르)
내일 завтра (자프뜨라)
좋다 хорошо (하라쇼) / 나쁘다 плохо (쁠로하)
소고기 говядина (가뱌지녀)
닭고기 курица (꾸리짜)
돼지고기 свиниа (스비니냐)
가스함유물 газированная вода (가지로반나야바다)
가스비 함유물 негазированная вода
　　　　　　(니가지로반나야바다)

■ 환전

환전소가 어디예요? Где ближайщий обмен балюты?
(그제 블리좌이시 압멘발룟띄?)
루블로 바꿔주세요. обменяйте эти деньги на рубли.
(압메냐이쩨 에찌 젠기 나 루블리.)

■ 호텔

예약했습니다. я забронировала заранее.
(야 자브로니라발라 자라니이)
성함이 뭐예요? как вас зовут? (깍 바스 자붓?)
제 이름은 ~입니다. меня зовут ~. (미냐 자붓 ~)?
아침 식사는 언제예요? во сколько завтрак?
(바스꼴리꺼 자프뜨락?)
체크아웃은 몇 시예요? во сколько нужно освободить
номер? (바스꼴리꺼 누즈너 아스바버지찌 노메르?)
택시를 불러주세요. вызовите мне такси. (븨자비쩨 탁시)

■ 쇼핑

이거 얼마예요? это почём? (에떠 빠춈?)
너무 비싸요. это дорого. (에떠 도라가.)
좀 깎아 주세요. продайте подешевле.
(쁘라다이쩨 빠지쉐블레.)
이거 할인 가격이에요? это цена со скидкой?
(에떠 쩨나 싸스끼드꼬이?)
다른 색상을 보여주세요. покажите другого цвета.
(빠까쥐쩨 드루고보 쯔볘따.)
큰/작은 사이즈 있나요? есть ли (большой/маленький)
размер? (예스찌 리 발쇼이/말렌키 라즈메르?)
이거 주세요. дайте мне это. (다이쩨 므녜 에떠.)

■ 레스토랑

저녁 A시에 B명 자리를 예약하고 싶어요.
я хочу заказать столик на B на A вечера.
(야 하추 자까자찌 스똘릭 나 B 나 A 베체라)
자리 있어요? у вас есть места?(우바쓰 예스찌 메스따?)
창가자리로 부탁해요. можно место у окна?
(모즈너 메스따 우 아크나?)
흡연석/금연석으로 부탁해요
пожалуйста, места для курящих/ некурящих.
(빠좔스따, 메스따 들랴 꾸랴쉬흐/니꾸랴쉬흐)
계산서 주세요. счёт пожалуйста. (숏 빠좔스따.)
신용카드로 해도 돼요? можно кредитой карточкой?
(모즈너 끄례깃뜨노이 까르또치꼬이?)

■ 일상대화

안녕하세요. здравствуйте (즈드랏트부이쩨)

고맙습니다. спасибо (스빠시버)
죄송합니다. извините (이즈비니쩨)
실례합니다. простите (쁘라스찌쩨)
한국사람입니다. я кореец. (야 까레이쯔)
괜찮습니다. ничего(니체보)
몇 시예요? который час сейчас? (까또리 차스)
이해가 안돼요. я не понимаю. (야 니 빠니마유)
영어로 말해주세요. по-английский пожалуйста.
(빠안글리스키 빠좔스따.)
화장실은 어디예요? гле туалет? (그제 뚜알롓?)
현재 위치가 어디인가요? где мы находимся?
(그제 믜 나호짐샤?)
써주세요. запишите. (자삐쉬쩨.)
다시 말씀해 주세요. повторите еще раз.
(빠프따리쩨 이쇼 라스.)
경찰을 불러주세요. вызовите полицию. (븨조비쩨 빨리찌유.)
구급차 불러주세요. вызовите скорую помощь.
(븨조비쩨 스꼬루유 뽀모쉬.)
즐거운 시간이었어요. хорошо провел(а) время.
(하라쇼 쁘라뵬(라) 브레먀.)
배불러요. я сыт(а). (야 씻(따).)
아주 맛있어요. очень вкусное. (오친 브꾸스노예.)
여기 좀 치워주세요. уберите здесь. (우베리쩨 즈제씨.)
네 да (다) / 아니오 нет (녯)

■ 입국심사

입국목적은? цель вашего визита? (쩰 바쉐바 비지따?)
관광입니다. туризм (뚜리즘)
얼마나 머무를 거예요? сколько вы будете находиться?
(스꼴까 븨 부지쩨 나호짓쌰?)
2주 две недели (드볘 니젤리)
숙소는? Где остановитесь?(그제 아스따나비쩨?)
호텔에 있을 겁니다. в отеле. (브 아젤레)

■ 택시

이 주소로 가주세요. отвезите меня по этому адресу.
(앗볘지쩨 미냐 베에떠무 아드레쑤.)
공항까지 요금이 얼마죠? сколько стоит до аэропорта?
(스꼴까 스또잇 도 아에로쁘르따?)
트렁크 좀 열어주세요. откройте багажник, пожауйста.
(앗끄로이쩨 바가즈닉, 바좔스따.)
여기서 세워주세요. остановите здесь.
(아스따나비쩨 즈제씨.)
영수증 주세요. дайте квитанцию. (다이쩨 크비딴찌유)

3. 꼭 먹어 봐야 할 러시아 음식

흑빵 Чёрный хлеб
밀빵과는 달리 시큼한 맛이 나는 것이 특징이며, 오래 씹을수록 흑빵의 깊은 맛을 느낄 수 있다. 샤워크림, 치즈, 버터, 샐러드 및 과일, 청어나 캐비어를 곁들여 먹으면 더욱 맛있다.

보르쉬 Борщ
우크라이나에서 온 음식으로, 고기국물에 사탕무, 감자, 당근, 양파를 넣고 만든 스프이다. 스메타나를 곁들여 먹으면 더 맛있다.

카샤;죽 Каша
대부분 메밀,보리,수수, 귀리와 같은 잡곡으로 버터,우유,소금을 섞어 만든다.

살랸카 Солянка
토마토 소스와 고기를 넣어 끓인 스프이다. 한국인들의 입맛에 잘 맞는 스프 중 하나이다.

올리비에 Оливье
러시아 대표 샐러드로 가장 많이 알려져 있다. 감자, 완두콩, 달걀, 당근 및 고기를 마요네즈와 버무린 샐러드로서 매우 맛있다.

샤슬릭 Шашлык
코카서스 음식으로, 긴 꼬챙이에 양념에 절인 고기와 야채를 꽂아 구워먹는 음식. 주로, 돼지,양,소,닭고기를 꽂아 먹는다.

당근김치
Корейский салат
고려인들이 소련에 이주하게 되면서 만들어진 음식. 기름진 음식에 잘 어울리기 때문에 러시아 인들도 즐겨먹는다.

메니 Пельмени
러시아 전통 만두. 한 입 정도의 크기에 두꺼운 만두피로 만들어서 쫄깃쫄깃하다. 보통 마요네즈나 스메타나와 함께 먹는다.

블린 Блин
러시아 전통 팬케이크. 봄맞이 명절인 '마슬레니짜'의 대표 음식이라고 할 수 있다. 잼이나 꿀에 발라먹거나 햄, 치즈 및 다양한 야채, 고기,해산물 등이 들어간다.

쁠롭 Плов
중앙아시아 전통 음식으로서 밥, 고기, 야채로 만든 기름밥이다.

4. 마트에서 절대 놓쳐서는 안 될 Best 메뉴

유제품

유제품의 왕국 러시아, 종류도 너무 많아서 고르기가 만만치 않다. 가장 맛있는 것만을 골라 소개한다.
Tip 모든 유제품에는 지방 함유율이 표시되어 있는데, 보통 한국 사람들의 입맛에는 4.0%이하의 제품이 무난하다.

요구르트 Йогурт
왼쪽부터 비오맥스(Biomax), 츄다(чудо), 액티비아(Activia), 액티멜(Actimel)이다. 맛이 매우 다양하므로 취향에 따라 골라먹으면 된다.

케피르 Кефир
우유를 발효시킨 제품으로 시큼한 맛이 특징이다. 취향에 따라 과일 또는 잼을 넣어 먹기도한다. 호불호가 많이 갈리는 제품이지만, 변비에 매우 효과적이다.

스네족 Снежок
살균우유에 설탕 또는 과일시럽을 넣어 만든 음료. 스네족은 '눈덩이'라는 뜻을 지닌다. 케피르 보다는 좀 더 단맛이 나는 것이 특징이다.

씨록 Сырок
응고된 우유, 설탕, 버터, 바닐라를 넣어 만든 제품.겉이 초콜렛으로 입혀져 있다. 대부분 맛있기 때문에 바닐라, 바나나, 초콜렛 등 원하는 맛을 골라먹으면 된다.

초콜렛

러시아인들에게 초콜릿은 절대 빠질 수 없는 디저트 중 하나. 그만큼 종류도 엄청나고 맛도 매우 다양하다.

알룐카 Алёнка
러시아의 대표적인 국민 초콜렛이다. 기념품으로도 많이 사가는제품이기도 하다.

벨로치카 Белочка
벨로치카는 다람쥐라는 뜻을 가진다. 견과류와 초콜렛이 함께 어우러진 맛이 특징이다.

알펜 골드 Alpen Gold
종류가 14가지나 되는데, 그 중 위의 맛은 부드럽고 가장 무난한 맛이다. 다른 종류도 매우 맛있으니 드셔보시길 추천한다.

디저트 초콜렛
Шоколад десертный
건포도와 견과류가 들어가 있는 초콜렛. 카카오가 50% 함량이 되어있어 다크초콜릿을 좋아하는 분들에게 추천한다.

쿠키

러시아 쿠키는 매우 단 것이 특징이다. 홍차와 함께 먹으면 좋다.

유빌레이노에 Юбилейное
남녀노소 할 것 없이 모두 즐겨먹는 쿠키이다. 위의 것은 기본적인 맛이며, 초콜렛이 입혀진 것도 맛있다.

수뻬르 꼰찍 Супер контик
초콜렛으로 덮힌 바삭바삭한 쿠키. 응고우유, 호두, 초코, 바닐라맛이 있다. 여성들이 특히 선호한다.

쁘랴니키 Пряники
계피맛이 기본적으로 나면서 위에 설탕시럽이 뿌려져 있는 것이 특징이다. 안에 초코,연유,견과류,건포도 등 여러가지맛이 있다.

와플 Вафли
우리나라의 웨하스와 비슷하지만, 초코, 딸기, 우유 등 맛이 매우 다양하고 달아서 차와 함께 마시면 매우 좋다.

5. 러시아에서 꼭 사야 하는 기념품

★ 마트료쉬카(Матрёшка)&스타벅스 텀블러

러시아의 대표적인 기념품이라고 할 수 있다. 인형 위에 그려진 그림의 디테일과 장식, 크기 그리고 인형 개수에 따라 가격이 결정된다.

★ 보드카(Водка)

사람들이 많이 사가는 보드카의 종류는 짜르스카야, 빠찌 오제라, 스미르노프, 크리스탈, 벨루가, 스탄다르트, 스탈리치나야이다.
(왼쪽→오른쪽)

텀블러는 여성들에게 선물하면 매우 좋다.

★ 샤프카;러시아털모자(Шапка)

겨울이 긴 러시아에서 살아남는 방법은 바로 샤프카! 털의 종류에 따라 가격이 천차만별이다.

★ 사모바르;러시아주전자(Самовар)

요즘엔 전기코드를 꼽아서 사용할 수 있는 사모바르도 나온다. 선물용과 전시용이 있으니 구매할 때 작동하는지 필히 물어보자.

★ 마그닛;자석(Магнит)

저렴하고 가벼워서 선물용 또는 소장용으로 좋다. 도시 별로 특색 있는 마그닛을 수집하는 것도 또 다른 재미이다.

★ 호흘로마 식기세트(Хохлома)

러시아식 전통 무늬인 '호흘로마' 공예로 만들어진 전통 목각 공예품이다. 보통 세트로 많이 구입한다.

★ 홍차(Чёрный чай)

러시아 문화 속에서 홍차를 빼놓을 수 없다. 예쁜 틴 케이스때문에 많은 사람들의 구매욕구를 부추긴다. 가격대도 적당해서 선물용으로 매우 좋다.
가장 인기있는 브랜드는 쿠스미(Kusmi), 러시아 캐러밴(Russian caraban), 그린필드(Greenfield), 힐탑(Hiltop) 등이 있다.

★ 핸드크림
(Крем для рук)
&보습제품
피부 보습관련 제품들이 발달되어 있는 러시아에서 핸드크림으로 가장 많이 선호하는 종류는 4가지가 있다. 왼쪽부터 바르하트늬 루치키(бархатные ручки), 발렛(балет), 아가피(рецепты бабушки агафьи), 룩스(люкс), Natura Siberica이다.

★ 꿀&차가버섯(Мёд&Чага)

러시아 꿀은 맛 뿐만 아니라 프리미엄 급으로 매우 좋다. 차가 버섯은 우리나라에서는 매우 비싸지만 러시아에서는 아주 흔하기 때문에 저렴하게 구입할 수 있다. 차가는 원물, 추출분말(порошок), 엑기스(베푼긴)가 있는데, 보통 약국에서 구매를 할 수 있다.

6. Best 맥주 및 음료 & 러시아 레스토랑 완벽 이해하기

맥주

발찌카 Балтика
빌찌카 시리즈는 각 맥주에 숫자가 붙어 있다. No.0은 무알콜, No.2는 페일 맥주, No.3 필스너 맥주, No.4 호밀 맥주, No.6 포터맥주, No.7 페일 라거맥주, No.8 밀 맥주, No.9 스트롱 라거가 있다. 가장 많이 마시는 종류로는 3,6,7번 이다.

스타리 멜닉 Старый мельник
스타리 멜닉은 번역하면 '오래된 풍차'라는 뜻을 가진다. 왼쪽부터 흑맥주, 생맥주, 부드러운 라거 맥주이다.

졸라타야 보치카 Золотая бочка
졸라타야 보치카는 '황금 술통'이라는 뜻이다. 남녀노소 부담 없이 마실 수 있는 맥주이다.

즐라티 바잔트 Zlaty Bazant
슬로바키아 맥주이지만, 러시아에서 흔히 볼 수 있으며, '황금 꿩'을 뜻한다. 러시아 인들이 즐겨 마시는 맥주이다.

음료

크바스 Квас
호밀을 삭혀 그 안에 빵을 발효시켜 만든 러시아 전통 알콜 음료. 맥주와 콜라의 중간 맛으로 톡 쏘는 맛이 난다.

모르스 Морс
크렌베리와 설탕을 넣어 발효시킨 러시아 전통 음료. 새콤달콤한 산딸기맛이 난다.

메도부하 Медовуха
꿀술. 도수는 그다지 높지 않으며, 여름에는 차갑게 먹고 겨울에는 데워서 마시면 좋다. 수즈달이 꿀의 산지로 유명해서 꿀술이 인기가 많다.

스비첸 Сбитень
꿀고 허브, 말린 딸기를 섞어 만든 음료. 뜨거운 물에 타서 마신다. 스비첸 역시 꿀로 만들기 때문에 수즈달의 제품이 인기가 높다.

▌ Tip. 러시아 레스토랑 완벽 이해하기

- 식당에 들어서면 웨이터가 몇 명인지 묻는다. 인원을 말하고 웨이터의 안내를 받은 뒤에 앉는다.
- 웨이터가 메뉴판을 주면 전채요리로 샐러드, 빵, 수프 등을 고른 뒤 메인 요리, 음료수를 고르면 된다.
- 식사가 끝나면 웨이터가 디저트를 할 것인지 물어보거나 아니면 바로 디저트 메뉴판을 주는데, 두 명이면 한 개만 시켜먹어도 상관없다.
- 계산할 시에 자리에서 웨이터를 부른 후에 계산서 счёт(숫)를 부탁하면 갖다 준다. 이 때 счёт пожалуйтса (숫 빠좔스타)라고 말하면 된다. 현찰이면 테이블에 놓고 나오던지, 카드인 경우 카드결제를 하고 다시 갖다 줄 때까지 기다린다.
- 보통 음식 값의 10%정도의 팁을 주어야 하나 금액이 큰 경우 5-10% 사이에서 주면 된다. 간혹 팁이 포함되어 나오는 계산서가 잇는데, 이럴 경우에는 영수증에 쓰여져 있으니 확인해보자.
- 고급 레스토랑의 경우 드레스 코드 dress code를 제시하는 경우가 있다. 딱딱한 정장은 아니더라도 남성의 경우 칼라가 있는 셔츠, 콤비 재킷 정도 걸치고, 여성의 경우 원피스, 블라우스, 재킷 등을 입는 것이 좋다.